知りたい!サイエンス

現代の暗号はどのようにして作られたのか

中学数学からはじめる暗号入門

関根章道 著

私たちの**秘密**、**個人情報**を守ってくれる**パスワード**や**暗証番号**はいったいどういう**仕組み**になっているだろうか。**中学校**の**数学レベル**からひも解いてみます。

技術評論社

CONTENTS

東 実（あずま　みのる）

Ｔ高校１年生。高校生にしては珍しく数学好きな生徒。几帳面で真面目

土門 一（どもん　はじめ）

東君の友達。数学は苦手だけど時折、鋭い発想を思いつく不思議な高校生

関根先生

数学こそ人類最強の学問と考えている数学教師。多少マニアック

土門 ふみ（どもん　ふみ）

Ｔ高校 PTAの役員で一君のお母さん。料理が得意

小熊先生

気は優しくて力持ちを地で行く熱血体育教師。独身

御徒町校長先生

Ｔ高校の校長先生。包容力のある大黒柱のような存在

はじめに

2013年(数学・理科については2012年から前倒し実施)高校数学において新カリキュラム数学Aに、「整数の性質」という単元が新たに追加されました。

新学習指導要領には「整数の性質」に関しては、以下のように記述されています。

(2) 整数の性質
　整数の性質についての理解を深め、それを事象の考察に活用できるようにする。
ア) 約数と倍数
　素因数分解を用いた公約数や公倍数の求め方を理解し、整数に関連した事象を論理的に考察し表現すること。
イ) ユークリッドの互除法
　整数の除法の性質に基づいてユークリッドの互除法の仕組みを理解し、それを用いて二つの整数の最大公約数を求めること。また、二元一次不定方程式の解の意味について理解し、簡単な場合についてその整数解を求めること。
ウ) 整数の性質の活用
　二進法などの仕組みや分数が有限小数又は循環小数で表される仕組みを理解し、整数の性質を事象の考察に活用すること。

さて、この一見すると退屈(笑)そうな単元をどう授業として料理すればよいかを考えました。広い意味で“整数論”が新たに単元化されたのですから、将来どう離散数学(微積分学の極限に関係しない、いわば連続でない1個1個がばらばらに独立した対象を扱う比較的新しい数学の分野）に繋げられるか、そして初等整数論として扱い、また現在もっとも実用化され、使われているRSA暗号までを扱ってみてはと考えました。

さて、RSA暗号とは、インターネットでも広く利用されている暗号です。この暗号をはじめとする現代の暗号は、かつて戦時中に一部組織でのみ使用された暗号とは異なり、情報セキュリティを確保するための技術として、ネットワーク社会に生きる我々にとって欠かせないものとなっています。

それは通常、無意識のうちに利用しているかもしれませんが、現代社会にとって必要不可欠なものと言えるでしょう。例えば、インターネットでクレジットカードを使って買い物をするとします。カード番号や暗証番号が第三者に知られたら大変ですね。

そこで、ウェブサイトの運営者は顧客のカード情報を暗号化して情報を得ているのです。

RSA暗号は1977年に発明されました。

発明者は、現在マサチューセッツ工科大学の計算機科学の教授で、コンピュータ科学・人工知能研究所の所員であるロナルド・リベスト（*Ronald Linn Rivest*　1947年5月6日～）、イスラエルの暗号研究者であるアディ・シャミア（*Adi Shamir*　1952年7月6日～）、アメリカの暗号研究者で南カリフォニア大学の計算機科学・分子生物学の教授であるレナード・エイドルマン（*Leonard Max Adleman* 1945年12月31日～）で、この3氏の頭文字R、S、Aをつなげて RSA暗号と呼ばれています。

当時、アメリカの暗号研究者で公開鍵暗号の先駆者であるホイットフィールド・ディフィー（*Bailey Whitfield Diffie* 1944年6月5日～）とマーティン・エドワード・ヘルマン（*Martin Edward Hellman* 1945年10月2日～）らによって発表されたばかりの公開鍵暗号という新しい概念に対し、秘匿や認証を実現できる具体的なアルゴリズムを開発しました。発明者3氏は、この功績によって2002年、計算機科学の顕著な発明に贈られるチューリング賞を受賞しています。

ちなみに……チューリング賞（賞金25万ドル）のスポンサーは、インテル社とグーグル社です（笑）。

さて、本書はT高校に通うごく普通の高校1年生である東 実（あずま みのる）と同級生の土門 一（どもん はじめ）と数学教師の関根先生が、いろいろと降りかかる問題に挑みながら、暗号について、勉強していくというストーリー仕立てになっています。

皆さんも、東君達と一緒に暗号の世界に足を踏み入れてみてください。現在、世界中で使われている暗号の仕組みが思っていたよりも、ずっと簡単なシステムで計算できることがわかります。

【前編】

暗号の歴史あれこれ

第1章
高校生、ダイヤモンドを盗まれる?!
―アトバシュ式暗号

アルファベットをずらす？

東 実（あずま みのる）は、T高校に通うごく普通の高校1年生である。ただ、他の生徒とちょっと違うところは無類の数学好きというところ。高校でも、「数学クラブ」なるどういう活動をしているのか良くわからないクラブに所属し、顧問である関根先生と、この問題はこう解いた方がすっきりするとか、この公式はこう覚えた方が良いとかクラスメートが聞いたら、鳥肌が立ってしまうような会話を楽しんでいる。

ある日の昼休み、東君の教室に土門君がやって来た……。

土門 一（どもん はじめ）君は、元来数学が苦手でそれを少しでも克服出来ればと考えて東君と同じ数学クラブに所属している。ただ、時折見せる発想は東君が考えもつかないもので、それがヒントで行き詰まった数学の問題が解けてしまったこともしばしばある不思議な生徒である。

東君、ちょっと聞いてよ！ この前スマホのゲームの中でアイテムを買おうとしたら、いつの間にかゲームのダイヤが減っているんだ。こんなことってあるのかな？ 怖いんだけど！

え、見せて。ダイヤを使ってアイテム交換するときのパスコードは？

それは言えないよ～

そうじゃなくて。誰かにパスコード、教えた？

教えてないけど。この前、ゲーム上のバーチャルショップで、見たこともない新しいショップなんだけど、そこでレアアイテムが凄く安かったから、交換しようとしたら名前を聞いてきて……

そんな……名前からパスコードが、ばれちゃったってことだよ！

えぇ～、じゃ盗まれたってこと？ こつこつ貯めたのにひどい！

関根先生にアドバイスしてもらおうか

放課後、二人は関根先生のもとを訪ねた。

関根先生は数学の先生で、二人は“数学クラブ”の部員。先生はそのクラブの顧問である。

関根先生、少しお時間よろしいですか？

ん、どうした？

東君は、これまで土門君から聞いている話をまとめて先生に話した。

う～ん。土門君のパスコードはどう決めた？
まさか誕生日とかではないだろうね

誕生日にはしていません。それはダメだと良く聞きますから。僕の名字、土門をアルファベットDOMONにして、Dはアルファベットの４番目、Oは15番目……。でもそれじゃすぐにばれてしまうから、逆から数えることにしました。DはZから数えて23番目、Oは12番目……、DOMONは、2312141213。どうですか？ これは良い考えだと思っていたんですが

よく考えたね。それは、
アトバシュ式暗号に近いね

アトバシュ式暗号？

そう、旧約聖書の中にも暗号が使われていたそうで、その一つがヘブライ語（本書では英字アルファベットにしています）の換字式暗号アトバシュ。この暗号は、アルファベット26文字を、AをZに、BをYに、というように順番を置き替えて作るけれど、土門君の場合は1～26の数字を逆に割り振ったね

【土門君の場合】

平文	A	B	C	D	E	F	G	H	I	J	K	L	M	N	O	P	Q	R	S	T	U	V	W	X	Y	Z
暗号文	26	25	24	23	22	21	20	19	18	17	16	15	14	13	12	11	10	9	8	7	6	5	4	3	2	1

DOMON ⇒2312141213

なかなかうまい暗号だったけれど、単純すぎて解読されてしまったんだね。だって、初めに自分の名前をDOMONと入力しているだろ。そこから、アトバシュ式暗号を思いつけばわかってしまう可能性がある。他人にわからないような方法で暗号化しておかないとそういう被害にあってしまう。でも、今回は現金じゃなかったから良かったと考えて諦めるしかないね

【アトバシュ式暗号表】
DOMON ⇒ WLNLM

平文	A	B	C	D	E	F	G	H	I	J	K	L	M	N	O	P	Q	R	S	T	U	V	W	X	Y	Z
暗号文	Z	Y	X	W	V	U	T	S	R	Q	P	O	N	M	L	K	J	I	H	G	F	E	D	C	B	A

えぇ～！ 先生、１週間ログインして１個、ボスキャラを倒してやっと１個しかゲット出来ないダイヤを半年間ゲームしてやっと100個近く貯めたんですよ～

今回は仕方ないね。次からは気をつけるしかないなぁ

ぎゃふん

先生、他人にはわからない、パスワードなどを暗号化する手立てはありますか？

一口に暗号といってもいろいろあって、簡単なものから一般に使用されている複雑なものまである

と先生は話し始めた。

まず、**アナグラム**（並べ替え）といって平文を適当に並べ替えて暗号化する方法。
例えば、“クリスマス”をアナグラムで暗号化すると、リスクマスとかマスクスリ等になる。
ただ長文になると、なかなか難しい暗号だね

異なる５文字を並べて出来る言葉だけど、最初の文字は５通り、２番目の文字は１文字減っているから４通り、次は同じように３通り……と考えると、5×4×3×2×1。
これを 5! という式で表しているんだ

２つの「ス」を区別出来るものと考えて、$ス_1$、$ス_2$とします。

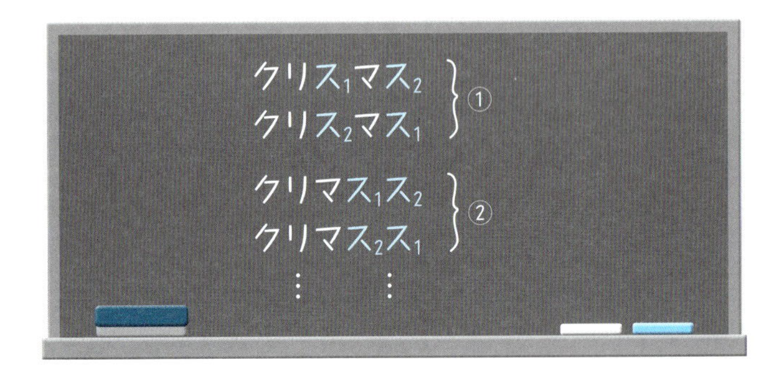

これらは、5! = 120通りあります。しかし、①と②は実は同じ並べ方ですね。それらも数えてしまっているので、２倍あります。よって、120 ÷ 2 = 60通りとなります。

5! = 5×4×3×2×1 = 120通りもあるから、しらみつぶしに並べるには時間がかかるね。
上の“クリスマス”だと、同じ文字の「ス」が２個含まれているから、120の半分の60通り

でもこれを調べていくのも大変だ。
それに、短い英単語をアナグラムで暗号にすると、CAT（猫）→ ACT（行為，所業）→ TAC（米国陸上競技連盟の旧称）のように、違ったスペルで違う意味の言葉になってしまうこともある。すると、解読側が間違った平文と勘違いする可能性もあるね。少し一緒に勉強していこうか

● 暗号を作って解いてみよう—Part 1（アトバシュ式暗号）

次のアトバシュ式暗号の、平文（元の文）は何でしょうか？

HVRHFF　ZMTLL

GZBOLI　HDRU

解答は p.20

さて、あなたもご自分の名前をアルファベットにして、14ページの変換表（アトバシュ式暗号表）を使い暗号化してみましょう。また、友人に解読出来るか聞いてみましょう。

コラム

ヒエログリフ入門

暗号の起源は紀元前にまで遡ります。今から1900年前の古代エジプトの石碑に描かれているヒエログリフが最古の暗号でしょう。文章中に標準以外のヒエログリフを用いたものがあり、一般のヒエログリフしか知らない者（これもごく少数だったとされています）から書いてある内容を隠すのに役立ったと考えられ、これはもっとも初期の変換式暗号の1つと言えるでしょう。

さて、ヒエログリフ（hieroglyph、聖刻文字、神聖文字）は、ヒエラティックやデモティックと並んで古代エジプト文字の1つです。

エジプトの遺跡に多く記されており、紀元前4000年頃までは読み手がいたと考えられていますが、その後読み方は忘れ去られてしまいました。19世紀に入り、シャンポリオンがロゼッタストーンを解読して以来読めるようになったことは有名ですね。

さて、このヒエログリフを日本語の50音に当てはめて、その音だけを右の図に示しました。

本来ヒエログリフは子音しかないそうで、やや力技ですが……。

	あ	か	さ	た	な	は	ま	や	ら	わ	ん
あ											
い											
う											
え											
お											

	ぱ（PA）	が	ざ	だ	ば（BA）
あ					
い					
う					
え					
お					

※本表は『ヒエログリフ入門　～古代エジプト文字への招待～』（吉成薫著、弥呂久）を参考にしました。

これを使えば、簡単な言葉も暗号化出来そうですね。

暗号を作って解いてみよう—Part 2（ヒエログリフの読み方）

次のヒエログリフは何と読めばよいでしょうか？

これはどうでしょうか？

解答は p.20

どうですか。皆さんも、ご自分の名前とか簡単な手紙をヒエログリフで書いてみましょう。

暗号を作って解いてみよう
Part 1（アトバシュ式暗号）(p.17) の解答

H V R H F F　　Z M T L L

↓

S E I S U U　　A N G O O

「整数暗号」でした!!

G Z B O L I　　H D R U G

↓

T A I L O R　　S W I F T

「TAILOR SWIFT」、歌姫テイラースウィフトでした!!

暗号を作って解いてみよう
ヒエログリフの読み方（p.19）の解答

な べ や き う ど ん

「鍋焼きうどん」でした！

何となく、鍋焼きうどんに見えたりして……。古代エジプト人、食べてはいないでしょうね（笑）

か な が わ け ん よ こ は ま し

「神奈川県横浜市」でした！

第2章
またまた被害に
―シーザー式暗号とエニグマ暗号機

暗号の歴史

ある日の放課後、東君と関根先生は教室で顔を寄せ合って問題を考えていた。

> 1，3，6と背番号を付けた野球選手が3人いる。3人並んで、7で割り切れる3桁の数にするにはどう並んだらよいか

う～ん、難しいなぁ……

するとそこへ泣きそうな顔をした土門君がやってきた。

先生！ この前のパスワード、解読されてしまったので少しアレンジして、逆さまにした後ずらしてみたのですが、またダイヤが盗まれてしまいました（泣）

ええ！ もっと詳しく話してくれないかい

あれ、それって6番の選手が逆立ちをして“9”になれば、7で割り切れる3桁の数が出来ませんか？

139、391、…おお～931か！
土門君切れ味バツグンだね！

おいおい、パスワードの話でなかったかい？

……

はい、すみません。

A	B	C	D	E	F	G	H	I	J	K	L	M	N	O	P	Q	R	S	T	U	V	W	X	Y	Z
W	V	U	T	S	R	Q	P	O	N	M	L	K	J	I	H	G	F	E	D	C	B	A	Z	Y	X

とアルファベットを逆に並べて、さらに左へ3つずらしたんです。すると、

DOMON ⇒ TIKIJ

にしたんですけれど……

ほー、それはシーザー式暗号だね。
前のアトバシュ式暗号もそうだけれど、ここで少し暗号の簡単な歴史をたどってみようか

年	暗号の歴史と世界の動き
B.C.19頃	エジプトの石碑に最古の暗号**ヒエログリフ**が書かれる
B.C. 5	スキュタレー暗号（ギリシア）
B.C. 2	**ポリュビオス式暗号**（表を使った換字式暗号）
B.C.60～B.C.50	**シーザー式暗号**（ローマ）
9世紀頃	アラビア人が頻度分析を発見　換字式暗号が解かれる
1550年	上杉暗号―字変四八の奥義―
1761年	ヴィジュネル式暗号（多表式暗号）
1854年	ホイートストン暗号機
1860年代	多表式暗号の解読法が発見される
1895年	シリンダー暗号機
1914年7月28日	マルコーニがモールス暗号による無線通信を実現
8月	第一次世界大戦の始まり
1915年	海軍情報部暗号課　OBI40号室（英国）
1917年1月	ヒーバン暗号機（米国）
1918年	軍事情報部　8（MI-8）（米国）
1918年11月11日	**エニグマ暗号機**（ドイツ）
1919年	第一次世界大戦終結
1920年	シリンダー暗号機 M-94（米国）
1921年	ハリク暗号機（米国）
	ヒトラー　ナチス党の指導権を掌握
1923年	ワシントン軍縮会議

年	暗号の歴史と世界の動き
1925年	アラステア・デニストンの暗号機関の設立（米国）
1929年	暗号機エニグマをドイツ軍が採用
1931年	合衆国通信体情報部(SIS)設立(米国) 九一式暗号（赤暗号）機（日本）
1933年	ヒトラー　ドイツ首相に就任 エニグマ暗号機の販売を中止
1934年	九一式暗号（赤暗号）が解読される
1936年	デジタル計算機のモデル提唱 A. M. チューリング（英国）
1937年	九七式暗号機紫暗号使用開始（日本）
1939年９月１日	第二次世界大戦の始まり
1940年	紫暗号がフリードマン・チームに解読される ハーゲリン M-209型機
1944年	暗号解析用コンピュータ コロッサス（COLOSSUS） A. M. チューリング（英国）
1945年８月15日	第二次世界大戦終結
1946年	弾道計算用コンピュータ　エニアック(ENIAC) 米国ペンシルベニア大学
1947年	ストアード・プログラム方式の提唱 フォン・ノイマン
1949年	シャイノンの情報理論に基づく暗号の論文

年	暗号の歴史と世界の動き
	ノイマン型コンピュータ EDSAC 英国ケンブリッジ大学
1970年代	国防省国家安全保障局（NSA）設立（米国）
	DES の原型となる暗号 Lucifer が誕生
1976年	ディンフィーとヘルマン　公開鍵暗号方式概念の提案
1977年	米国商務省　アルゴリズム公開型標準暗号　DES の制定
	公開鍵暗号　RSA 暗号発表
1979年	公開鍵暗号　ラビン暗号方式発表
1981年	米国規格協会（ANSI）DES を標準化
1983年	**RSA 暗号　特許取得**
1984年	NTT　公開鍵暗号方式の ESIGN という暗号を発表
1985年	チャウム　ブラインド署名を提案
1988年	NTT　アルゴリズム公開型共通鍵暗号 FEAL-8 を発表
1989年	日立製作所　暗号 MULTI 2 のアルゴリズムを発表
1990年	差分攻撃法　発表 NTT　暗号 FEAL-N、FEAL-NX を発表
1991年	ジマーマン　PGP を発表 アジア・クリプト（アジア暗号学会議）
1992年	Ascom Tech 暗号 IDEA を発表

年	暗号の歴史と世界の動き
1993年	線形解読法の発表
4月	KES（鍵供託システム）（米国）
1995年	OECD　暗号政策会議（パリ）
1996年1月	通産省　電子商取引実証推進協議会を設立 三菱電機　暗号 MISTY を発表
1997年9月	DH法　特許の期限切れ
1998年	米国商務省　暗号の輸出を自由化
1998年4月	NTT　公開鍵暗号 EPOC を発表
2000年	**RSA 暗号の特許の期限切れ**

※年表は『暗号のすべてがわかる本』（吹田智章著、技術評論社）とWikipedia を参考に著者がまとめたものです。
太字のものは、本書で述べられている暗号などです。

暗号の起源は古く、数千年の歴史があることがわかりますね。その歴史は古くは軍事目的や政治の裏舞台で使われてきました。ヒエログリフやシーザー式暗号は紙とペンを用いていました。それが、エニグマ暗号機のように複雑な機械式の暗号機となり、次に電子式の暗号機へと進化していきます。そして現在、暗号を使うのは軍人やスパイだけではありません。

個人が携帯電話やパソコンを持つようになり、またインターネットの普及により最新の暗号化技術が使われる必要性が出てきたからです。

個人情報やプライバシーの保護が重要となってきたのですね。

土門君が新しく考えた暗号に似ているものに**“シーザー式暗号”**というのがある。君たちも古代ローマ時代の英雄ユリアス・シーザー、名前くらいは知っているだろう

はい！
シーザーも暗号を使っていたのですか？

そう、こんな感じだ。
基本形を左右どちらか（本書ではアルファベットを右にずらすことにします）にずらして暗号にするよ。
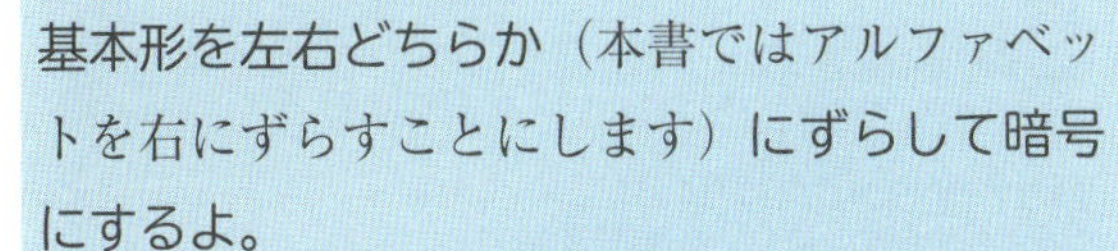
彼が初めて使ったことから、この名称が付けられたとされているんだ

紀元前の時代から、暗号が使われていたのですね

ずらすキーが1～3のときを表にしてみるよ

基本形	A	B	C	D	E	F	G	H	I	J	K	L	M	N	O	P	Q	R	S	T	U	V	W	X	Y	Z
1字ずらし	Z	A	B	C	D	E	F	G	H	I	J	K	L	M	N	O	P	Q	R	S	T	U	V	W	X	Y
2字ずらし	Y	Z	A	B	C	D	E	F	G	H	I	J	K	L	M	N	O	P	Q	R	S	T	U	V	W	X
3字ずらし	X	Y	Z	A	B	C	D	E	F	G	H	I	J	K	L	M	N	O	P	Q	R	S	T	U	V	W

ただ、定説では軍事目的でなく、ラブレターなどに使っていたようだ。ロマンチックだね。
何文字ずらしたかは「キー（鍵）」として、送信者と受信者の共通認識（**秘密鍵**）としているけれど、クイズ等では提示しないこともあるね。
例えば「ずらすキーを“3”」として、平文をTABLEだとするね。

T→Q、A→X、B→Y、L→I、E→B

と上から下へ読み取ってQXYIBと暗号化出来る。
では、キーを2として、同じTABLEを暗号化してみよう（皆さんも途中から考えてください）

T→R、A→

ユリアス・シーザー

とても単純な暗号だけれど、現代の暗号においても欠かせない重要な要素、“キー（上の例だと3つずらす)”と“アルゴリズム（元の文字をずらした文字に変換する)”といった2つが既に含まれているんだ。
アルファベットだと、26文字。“キー”は最大で25（26ずらすと元通り）だから、しらみつぶしにやってみれば、いずれ解読出来るけれど時間もかかるしなかなか難しい暗号だね

右へずらす“キー”を3としよう。

A	B	C	D	E	F	G	H	I	J	K	L	M	N	O	P	Q	R	S	T	U	V	W	X	Y	Z
X	Y	Z	A	B	C	D	E	F	G	H	I	J	K	L	M	N	O	P	Q	R	S	T	U	V	W

（3ずらしたもの）

復号方向

暗号は、“ILSBJBQBKABO”
さて土門君、平文（元の文）は何だろう？

I→L、L→O、S→V、B→E、J→M、B→E、Q→T、B→E、K→N、A→D、B→E、O→R、L、O、V、E、M、E、T、E、N、D、E、R……
“LOVE　ME　TENDER”だ！！

正解！ じゃ東君、シーザー式暗号で作られた次ページの暗号を復号・解読出来るかな。ずらす“キー（鍵）”から考えてね

はい！

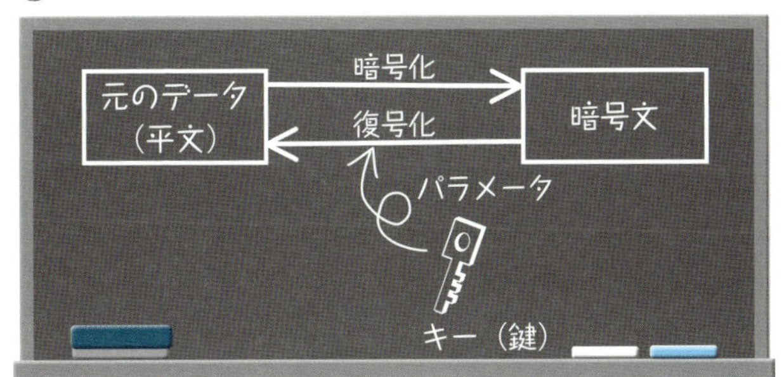

● 暗号を作って解いてみよう—Part 3（シーザー式暗号）

"GJQZVIYKZVXZ"
解読してみてください。

解答は p.34

シーザー式暗号を Basic で簡単にプログラム

さて、シーザー式暗号は Basic で簡単にプログラム出来ます。

例えば、暗号化するには、

```
10 INPUT"平文は";A$              ←元の文（平文）を聞いています
20 A$=UCASE$(A$)                 ←平文 A$ を大文字に変換します
30 L=lEN(A$)
40 PRINT A$;"はシーザー式暗号によって"
50 C$=""
60 FOR k=1 to L
70 P$=Mid$(A$,k,1)
80 PN=ASC(P$)-ASC("A")
90 CN=(PN+3)mod26                ←ずらすキーを 3 にしました
100 C$=C$+CHR$(CN+ASC("A"))
110 NEXT k
120 PRINT C$;"へ暗号化されました。"  ←暗号を表示します
130 END
```

とプログラムします。

コラム

プログラム言語

Basicが出てきたので、簡単にプログラム言語について触れておきましょう。

コンピュータに仕事や処理をさせる場合の命令のことをプログラムといい、そのプログラム作成用の言語をプログラム言語といいます。

プログラム言語には、コンピュータが理解しやすい低水準言語（機械語、アセンブラ言語）と人間が理解しやすい高水準言語（コンパイラ言語、インタプリタ言語）とがあります。

ここでは、本書でも扱っているBasicとC言語について簡単に説明しておきます。

Basicとは、「**b**eginner's **a**ll-purpose **s**ymbolic **i**nstruction **c**ode」の略で、「初心者向け汎用記号命令コード」のことです。

1964年米国ダートマス大学の数学者ジョン・ケメニーとトーマス・カーツにより、主に教育用などを目的として開発されたプログラム言語です。

1970年末から1980年頃にかけて、8ビットパソコン上（自作パソコンが多かったようです）でBasicを使用したゲームが流行しました。筆者も大学生時代インベーダーゲームやギャラクシアンといったゲームを自作して楽しんでいました。

Basicは、命令が「next」や「end」といったような英単語で表されるのでわかりやすいですね。例えば、画面上に「hello!」と出力させるプログラムは、

```
10 PRINT "hello!" ←helloと書きなさい（PRINT）
20 END            ←プログラムの終わり（END）
```

となります。

C言語は、1972年にAT&Tベル研究所のデニス・リッチーが開発したプログラム言語で、システム開発用の言語です。英語圏では単に**C**と呼んでおり、日本でも同様にCと呼ぶことがあります。同じように、画面上に「hello!」と出力させるプログラムは、

```
/*Cプログラム例*/        ←注釈
#include<stdio.h>       ←機械語に翻訳する前処理
                          （プリプロセス）
Int main (void)        ←次の{から}までが、メインプ
{                         ログラムだと宣言しています
    printf ("hello!") ←helloと書きなさい
    return 0            ←プログラムの終わり
}
```

となります。

コラム

映画にもなった暗号

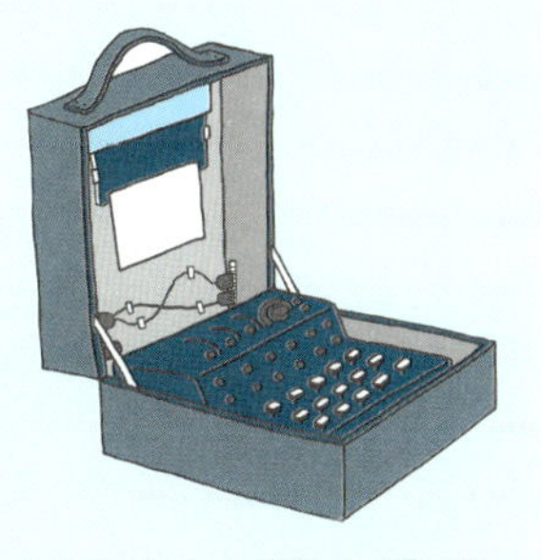

もっと巧妙な暗号方法として英国で2001年に映画化され、また2015年に公開されアカデミー賞候補にもなった「イミテーション・ゲーム／エニグマと天才数学者の秘密」で有名な“**エニグマ**”という暗号システムがあります。

エニグマはドイツ軍が第二次世界大戦で使っていたもので、簡単な暗号機で複雑な暗号を作ることが出来たので、ドイツ軍の無線通信に使用され、大戦の初めのころの快進撃に繋がります。ドイツ軍の潜水艦（Uボート）は、連合国軍の船団に壊滅的ともいえる打撃を次々に与え大勝利の連続だったそうです。

ドイツ軍はこの暗号システムに自信を持っていたため、これが連合軍に解読されるとは夢にも思っていませんでした。が、1930年代にはポーランドが解読に成功、次いでイギリスでも、**チューリング**（Alan Mathison Turing 英国の数学者；1912－1954年）らによって解読されてしまいます。しかし、連合軍は解読に成功したことを、終戦まで極秘にしていたため、最後は連合国勝利で大戦は幕を閉じることになります。

もし、エニグマが解読されていなければ、第二次世界大戦の終結はずっと遅れたか、あるいは、連合国の敗戦……。今習っている世界史も違っていたかもしれませんね。

暗号を作って解いてみよう Part 3（シーザー式暗号）(p.30) の解答

“GJQZVIYKZVXZ” は、

G　J　Q　Z　V　I　Y　K　Z　V　X　Z

↓

L　O　V　E　A　N　D　P　E　A　C　E

「LOVE　AND　PEACE」です。キーは、“5文字ずらし”でしたね!!

第3章

上杉謙信、誰思う

—ポリュビオス式暗号と日本版ポリュビオス式暗号

文字を数字に変換する暗号を発明

1文字を1つの文字や数に変換して出来る暗号だと、解読されるのにはそんなに時間がかかりません。そこで、2つ以上の数に変換する暗号が考えられました。

それが、**ポリュビオス式暗号**です。

古代ギリシアの政治家で軍人のポリュビオス（紀元前201～120頃）は、暗号にも大きな関心をもっていて、文字を数字に変換する暗号を発明しました。

文字を数字に変換するという発想は画期的な発明で、これは今で言う“乱数(後述)”の考えにも似ています。

ポリュビオス

先生、僕の暗号は画期的だったんですね！

う～ん。でも解読されてしまったね

あうっ…

ポリュビオス式暗号の変換表

列＼行	1	2	3	4	5
1	A	B	C	D	E
2	F	G	H	I/J	K
3	L	M	N	O	P
4	Q	R	S	T	U
5	V	W	X	Y	Z

ポリュビオス式暗号は、5×5＝25のマス目にアルファベットを記入（IとJは同じマス目に入れる）した表を使って、1つのアルファベットを2桁の数字で表します。文字を数字で表すという発想は、暗号化に乱数を加えることを可能にした発明です。

例えば土門（DOMON）をポリュビオス式暗号で変換すると、Dは1列目・4行目なので「14」。以下同様に変換すると「DOMON」は「1434323433」となります。こうするとかなり複雑になったことがわかるでしょう。

● 暗号を作って解いてみよう—Part 4（ポリュビオス式暗号）

次のポリュビオス式暗号の平文（元の単語）はなんでしょう？

3 2 1 1 4 4 2 3 3 2 1 1 4 4 2 4 1 3 4 3

解答はp.44

コラム

乱数

「**乱数**」とは、一言で言ってしまえば規則性のない数字のことです。3、−5、0.9、601、−2.5、8111……のような感じです。次にどんな数がくるかはわかりません。

日常生活ではほとんど使うことはありませんね。しかし、コンピュータのプログラム分野では必要不可欠です。そのため大抵のプログラム言語では乱数を発生させるための関数が用意されています。

例えばrand(　)とかrandom(　)とかそんな名前の関数が乱数を作り出す関数です。そう、ランダムです。

ゲーム上で出現する敵の有無や強さ、日替わりくじの中身など、決まっていたらつまらないものですよね。サイコロを振って“1”の目がいつも出せるのではなく、何が出てくるかわからないから面白いのでしょう。

コンピュータゲームなどでは、ある数を特定の式に入れて計算しその計算結果を得て乱数としています。

乱数の必要性はわかっていただけましたか？

では、どうやって乱数を作ったらよいでしょうか。

何か規則性が出てしまうようでは、乱数とは言えませんね。

もともと大きさの同じ球に数を書き、それを壺のようなものに入れ取り出して書かれている数を乱数としたり、正二十面体を転がして出た目を乱数としていた時代があったようです。しかし、コンピュータが開発されてくると人力ではなく、コンピュータによる高速で作る方法がないかと考えられてきます。

単純な、いくつかの数の和や差では規則性や偏りが出てしまい、きれいな乱数とはなりません。

では、いろいろな乱数の作り方を次に説明しましょう。

平方採中法

ハンガリー出身でアメリカ合衆国の数学者であり、20世紀科学史における最重要人物の一人で第2次大戦中の原子爆弾の開発へ関与したことでも知られているフォン・ノイマン（Von Neumann）が考案した乱数生成法（乱数を作る方法）です。

初めに適当な値「x」を決めてそれを2乗します。求めた値の中央にある必要な桁数を採って乱数とし、さらにそれを2乗して求めた値の中央にある必要な桁数を採って次の乱数とします。これを繰り返して乱数を作る方法です。

例えば、4桁を必要としていて求めた値が7桁のときは、最上位の前の位（千万の位）に「0」を付け足して8桁とします。（次の計算例を参照）

計算例：4桁の擬似乱数を作ってみます。

最初の数を x＝2319とします。

2319×2319＝5377761→05377761→3777

$3777 \times 3777 = 14265729 \rightarrow 2657$

$2657 \times 2657 = 7059649 \rightarrow 07059649 \rightarrow 0596$

といった計算です。こうして乱数「3777、2657、0596、…」を次々と得ることが出来るという方法です。

線形合同法

次に、比較的簡単な乱数生成用の式に「線形合同法」というものがあります。少し難しいので、飛ばして読んでいただいても構いません。

次のような合同式を使った漸化式（数列で隣り合う項の関係を式に表したものです）

$X_{n+1} = (A \times X_n + B) \pmod{M}$

によって与えられる乱数です。A、B、Mはあらかじめ決めておく定数です。

ただし、$M > A$、$M > B$、$A > 0$、$B \geqq 0$ です。

$(\mathrm{mod}\ M)$ は、後で出てきますが、Mで割った余りという意味です。例えば、定数をそれぞれ、$A=3$、$B=5$、$M=13$ として、$X_0=8$ とします。

$X_1 = (3 \times X_0 + 5) = 24 + 5 = 29 \equiv 3 \pmod{13}$

3 という乱数を得る

$X_2 = (3 \times X_1 + 5) = 9 + 5 = 14 \equiv 1 \pmod{13}$

上の $X_1 = 3$ を使って、1 という乱数を得る

$X_3 = (3 \times X_2 + 5) = 3 + 5 = 8 \equiv 8 \pmod{13}$

上の $X_2 = 1$ を使って、8 という乱数を得る

このように、前に作った乱数を使って、次々と乱数を

作っていく方法です。

ただ、初めのA、B、Mの値によっては奇数ばかり、偶数ばかり、奇数偶数が交互にと偏ってしまうため、現在では多少修正されて利用されています。

また、先の漸化式を複雑にすればもっと偏りのない乱数を生成することも出来ます。

下の漸化式は、マサチューセッツ工科大学の教授で地球物理学者であるステファン=パーク氏（Stephen K. Park）とミズーリ大学の教授であるケイス=ミラー氏（Keith W. Miller）が提唱した乱数を発生させる式です。

$$X_{n+1} = 48271 \times X_n \qquad (\mathrm{mod}\ 2^{31} - 1)$$

さて、パソコンのエクセルの計算機能で乱数を生成することが出来ます。

乱数関数である「RAND」です。これはランダムの略ですね。つまり、セルに「=RAND()」と入力すると、0から1までのランダムな数字（小数値）が得られます。

また、0～100までの乱数表を作りたい場合は、「=RAND()＊100」とします。

50～100の場合は、「=RAND()＊(100－50)＋50」とすれば乱数を発生させることも出来ます！

また、Int関数というものがあって、与えられた数値をその数値を越えない最大の整数に変換します。

例えば、**=Int(Rand()＊6)** は、0～5までの整数値になり、**=Int(Rand()＊6)＋1**と入力すれば、1～6までの整数値を発生することが出来ます。これは、サイコロ1個を振った時の出る目に相当しますね。

また、次のように入力すると、簡単なスロットマシンが出来上がります。

A1のセルに、=RANDBETWEEN(1,3) と入力します。A1からC1までコピー（右下+をドラッグ）します。"F7"キーを押せば、A1、B1、C1の3つのセルにランダムに1～3までの数が表示されます。

さらに、1～3の乱数を発生させ、それぞれの数に「1=グー、2=チョキ、3=パー」を対応させれば、Excelとじゃんけんをすることも出来ます。

さて、皆さんも知っている円周率は3.1415……ですね。3.141592653……と続いていきますが並んでいる数は乱数でしょうか？

実は、証明はされていませんが、1兆桁まで調べると（誰が調べたのでしょう）どの数も1000億回ずつ出てくるそうで、それなりの乱数列となっています。

日本にもポリュビオス式暗号とそっくりな暗号を考案した人物がいます。かの上杉謙信です。ご存知でしょうか？その軍師である宇佐美定満（うさみさだみつ、別名定行）が考案した暗号方式です。「**字変四八の奥義**（じへんしじゅうはちのおうぎ）」といって、次のような換字表を使って暗号を作っていました。

この表は、右縦の行に上から下へ**壱、弐、参、肆、伍、陸、漆、上一列目には右から一、二、三、四、五、六、七とし右上から順にあいうえおかきく**……と並べます。また、濁点と半濁点も付け加えてあります。

例えば土門⇒どもん　として……

“ど”は、とに濁点だから、三陸七伍となる。

“も”は、五漆。“ん”は、七肆。

土門は、“**三陸七伍五漆七肆**”。

日本の暗号も捨てたもんじゃないですね。

字変四八の奥義換字表

七	六	五	四	三	二	一	
ろ	や	へ	に	そ	く	あ	壱
わ	ゆ	ほ	ぬ	た	け	い	弐
を	よ	ま	ね	ち	こ	う	参
ん	ら	み	の	つ	さ	え	肆
゛	り	む	は	て	し	お	伍
゜	る	め	ひ	と	す	か	陸
	れ	も	ふ	な	せ	き	漆

上杉謙信

でも先生、この暗号は使えません……。肆、こんな字読めませんし、ワープロソフトで変換するのも大変です!!

そ…そうね……

● 暗号を作って解いてみよう—Part 5（字変四八の奥義）

字変四八の奥義換字で次の暗号を復号してみよう。

“二伍二漆七伍七肆二陸一参”

解答は p.44

その時、御徒町校長先生が廊下を通りかかった。関根先生と東君たちが放課後の教室で話していることに気が付き、中に入ってきた。

ほほぉ、放課後も数学の勉強かね。関心関心

これは、校長先生

何々……、暗号か。面白そうだね

すみません。授業の補講ではなくて、暗号遊びをしています

いやいや、暗号論は今の世の中には欠かせないものだからね。数学にも関係しているし、頑張りなさい

そう言って、教室を出て行った。

暗号を作って解いてみよう
Part 4（ポリュビオス式暗号）(p.36) の解答

3 2 1 1 4 4 2 3 3 2 1 1 4 4 2 4 1 3 4 3

は、MATHMATICS。「数学」でした！

暗号を作って解いてみよう
Part 5（字変四八の奥義）(p.43) の解答

二伍二漆七伍七肆二陸一参

二伍→“し”　二漆→せ、七伍→濁点で“ぜ”

七肆→“ん”　二陸→“す”　一参→“う”

しぜんすう、「自然数」でした !!

あなたも、ご自分の名前を**字変四八の奥義**で暗号化して、友達に解かせてみましょう。

第4章 お母さんも被害者？

―不可能な素因数分解

不思議な素数の世界と素因数分解

数日後……土門君がまた、東君のところへやって来た。

東君、あれから僕のパスワードはどうやら解読されていないんだけれど、今度はうちの母さんがネットショッピングでログインするときの暗証番号が他人に知られてしまって……。すぐに別の番号に変えて注文し直したから被害はなかったんだけど、PTA の総会で出す予定だったお茶の注文数が勝手に変えられていたんだって

えっ……それは大変だったね。また関根先生に聞いてみようか

東君と土門君は放課後、関根先生に相談した。

ふむ、お母さん大変だったね。
ログイン ID や暗証番号は何だったんだい？

まず、ログインIDは4桁だったそうです。お母さん、ふみと言うんですけれど、ふみ⇒2、3にしてさらに自分で考えた数をかけて4桁にしているそうです

そうか……。ふみ⇒2、3にしてさらにある数をかけて、4桁か……。かけた数はいくつだい？

もう暗証番号は変えたそうだから……。61です。6月1日が誕生日なので、23×61＝1403なのでIDを1403でログイン、暗証番号は、2361だったそうです

1403か……。2つの素数23と61をかけたのか。1403でログインして、それを**素因数分解**して23、61を暗証番号……すぐ見つけられるとは思えないね

素数? 素因数分解?

覚えていないかい? 素数とは、2以上の自然数(正の整数)で、1とその数以外に約数がない数のこと。素因数分解は、素数の積に表すことだったよ

ああ、2、3、5、7、11、……。
1403=23×61でしたね!

そう。素数は暗号を考える上でとても重要な数なんだ。まず、現在世界中で使われている暗号方式は **"公開鍵方式"**。それは素数が大きく関わっている。複雑な暗号の仕組みを教えようか

はい、お願いします

まずいろいろな数の仕組みから勉強していくとしよう。
初めに1、2、3、4、……のように、物の個数や順序を表す数を自然数（正の整数）と呼んだね。
ここからは主に素数についていろいろと説明していくよ。このへんを理解しておかないと、次に進めないからね。
ところで、お母さんの注文はどう改ざんされていたの？

300本が3万本にされていたそうです

怖っ！

うぅーむ。PTA会費を守るためにも、暗号の勉強をしよう！

エラトステネスのふるい

数にはいろいろな種類・呼び方がありますが、**2以上の自然数で、1とその数以外に約数(割り切れる数のこと）がない数を素数**といいます。この素数は現代の暗号化には欠かせない数なので、しばらく我慢して付き合ってください。

さて、素数を見つける方法として古くから知られている

「**エラトステネスのふるい**」という方法があります。まず、1を消去（素数は2以上だから）。次に、素数である2以外の2の倍数（1つおきにある）、次に3以外の3の倍数（2つおきにある）、同様に5の倍数（4つおき）、7の倍数（6つおき）と消去していきます。

残った数が素数です。100までの素数をふるいにかけて見つけてみましょう。

1	2	3	4	5	6	7	8	9	10
11	12	13	14	15	16	17	18	19	20
21	22	23	24	25	26	27	28	29	30
31	32	33	34	35	36	37	38	39	40
41	42	43	44	45	46	47	48	49	50
51	52	53	54	55	56	57	58	59	60
61	62	63	64	65	66	67	68	69	70
71	72	73	74	75	76	77	78	79	80
81	82	83	84	85	86	87	88	89	90
91	92	93	94	95	96	97	98	99	100

まず、“1” を消します。素数は2以上です。次に、2の倍数を消していきます。これは1つ跳びで出てきます。

1	2	3	4	5	6	7	8	9	10
11	12	13	14	15	16	17	18	19	20
21	22	23	24	25	26	27	28	29	30
31	32	33	34	35	36	37	38	39	40
41	42	43	44	45	46	47	48	49	50
51	52	53	54	55	56	57	58	59	60
61	62	63	64	65	66	67	68	69	70
71	72	73	74	75	76	77	78	79	80
81	82	83	84	85	86	87	88	89	90
91	92	93	94	95	96	97	98	99	100

さらに、3の倍数を消します。

これは2つ跳びだね

もう消えているのもある！

1	2	3	4	5	6	7	8	9	10
11	12	13	14	15	16	17	18	19	20
21	22	23	24	25	26	27	28	29	30
31	32	33	34	35	36	37	38	39	40
41	42	43	44	45	46	47	48	49	50
51	52	53	54	55	56	57	58	59	60
61	62	63	64	65	66	67	68	69	70
71	72	73	74	75	76	77	78	79	80
81	82	83	84	85	86	87	88	89	90
91	92	93	94	95	96	97	98	99	100

だいぶ消えてきました。2、3ときたけれど、4の倍数は2の倍数だからすでに消えています。

あとは、5の倍数と7の倍数を消せばいいんだね

5の倍数は4つ跳び、7の倍数は6つ跳びです（6の倍数は、2、3の公倍数なので、すでに消えています）。

皆さんも5の倍数と7の倍数を消してみてください。

1	2	3	4	5	6	7	8	9	10
11	12	13	14	15	16	17	18	19	20
21	22	23	24	25	26	27	28	29	30
31	32	33	34	35	36	37	38	39	40
41	42	43	44	45	46	47	48	49	50
51	52	53	54	55	56	57	58	59	60
61	62	63	64	65	66	67	68	69	70
71	72	73	74	75	76	77	78	79	80
81	82	83	84	85	86	87	88	89	90
91	92	93	94	95	96	97	98	99	100

コラム

素因数分解とRSA暗号

素因数分解も、コンピュータを使えばかなりの桁まで現実的に行えます。ところが、そのかけ合わせる素因数が少し大きな数になるだけで、割り出すための計算時間が莫大に増えてしまいます。

現在は、素数が50桁ずつのペア（かけて100桁）程度なら、現実的にコンピュータで素因数分解出来ます。これは、RSA暗号の発明者の１人でRSA Security社の創業メンバーでもあり、RSA暗号の開発者の１人であるリベスト博士が1970年に出題した２つの素数をかけ合わせた129桁の数の素因数分解問題（RSA-129問題）が、1994年に多重多項式ふるい法という方法によって解かれたからです。

その２つの素数をかけ合わせた129桁の数とは、

1143816257578888676692357799761466120102182967212423625625618429357069352457338978305971235639587050589890751475992900268795435 41

です。これを作った２つの素数は、

A＝34905295108476509491478496199038981334177646 38493387843990820577

と

B＝32769132993266709549961988190834461413177642 967992942539798288533

でした。

この2つの素数A、Bをかけ合わせるのは、根気さえあれば手計算することも出来る（汗）でしょうが、逆にかけ合わせた数をこの2つの素数に分解するために、なんと1600台のコンピュータを使ったそうです。

実際のRSA暗号では、最低でも77桁程度の2つの素数A、Bを用意し、それらをかけた155桁程の数を使っています。

気の遠くなるような数ですね。

土門君、何個あった？

25個ですか……

正解だ。今日は冴えてるね！
次に、自然数を**素数**の積（かけ算）の形に表すことを“**素因数分解**”といったね。
例えば、$60=2\times2\times3\times5=2^2\times3\times5$ と素因数分解出来るね

素因数分解の練習をしてみましょう。

(1) 18　　(2) 72

(3) 120　　(4) 9991

解答は p.59

(4)は難しいですね。素因数分解は出来るのですが、すぐに気が付くことは難しいかもしれません。そう！ **素因数分解が簡単に出来ない**。これが新しい暗号の考え方の基本なのです。

土門君のお母さんのログインコードも素数と素数をかけた数でした。素因数分解だったのです。そして、簡単に素因数分解をする方法はない、と言って良いでしょう。

1403＝23×61と、次のパスワードも素因数分解をしていましたね。素因数分解という発想に気が付いたとしても、23×61とはすぐには計算出来ない。お母さんのIDとパスワードは少し簡単な数だったので見破られてしまったのでしょう。さらに、大きな数、例えば前の問題のように"9991"だったとしたら、素因数分解がさらに難しくなり、いたずらされなかったのかもしれません。

先生、9991はどう素因数分解出来るのですか？

97×103！

東君さすがだね、正解だ

コラム

ゴールドバッハ予想と最大の素数

素数研究の歴史は古く、紀元前1600年頃のエジプトにおいて、素数に関する知識が部分的に知られていたことがパピルス（papyrus、カヤツリグサ科の植物やその地上茎などから作られた筆記記録しておくための媒体のことです。「紙」を意味する英語の「paper」の語源とされています）などの資料に残されています。

素数は昔から数学者の関心を揺さぶるのでしょうか、数々の法則や定理が残されています。筆者の車のナンバーは“8111”で素数、住んでいるマンションの部屋は601号室、ちなみに筆者の誕生日も素数です……笑。

ところで、次のゴールドバッハ（Christian Goldbach, 1690－1764年）予想は大変有名ですが、未だに証明されていない未解決なものです。

「4以上の全ての偶数は、2つの素数の和で表すことが出来る」

※このとき、同じ素数を2度使っても良いものとする。

例えば、18までの偶数を2つの素数の和で表すと、

4＝2＋2	6＝3+3
8＝3＋5	10＝7+3＝5+5
12＝5＋7	14＝3+11＝7+7
16＝3＋13＝5+11	18＝5+13＝7+11　……

となります。

この予想は、現在、4×10^{18}までの全ての偶数について成り立つことが、コンピュータによって確かめら

れていますが、それ以上の全ての偶数で成り立つかは未だにその成否が解明されていません。

次の偶数を2つの素数の和で表してみましょう。

20＝　　22＝　　24＝

26＝　　100＝　　200＝

解答は p.59

さて、つい最近(2016年1月7日)のことですが、最大の素数が発見されました。セントラルミズーリ大学のカーティス・クーパー教授が中心で進めているメルセンヌ素数検索(Great Internet Mersenne Prime Search：GIMPS)プロジェクトが久々に、一番大きな素数の発見記録を塗り替えました。

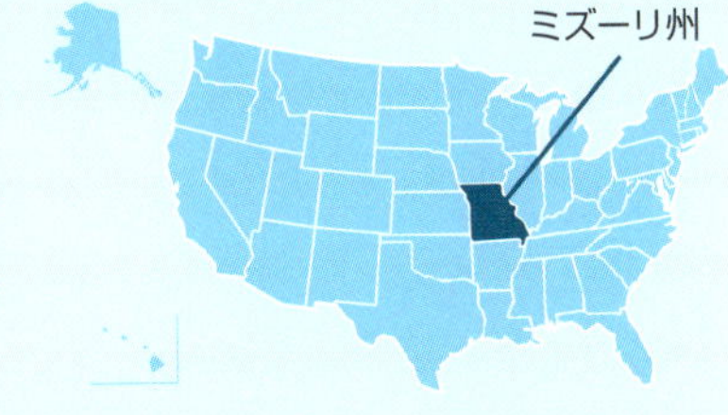

新たに見つかった世界最大素数は、$2^{74207281}-1$ という2200万桁を超える素数です。2^n-1 はメルセンヌ数と呼ばれ、n がいくつの時、素数になるかを GIMPS は調べています。

記録更新は3年ぶりの快挙でした。紀元前500年に素数探しが始まって以来、人類は素数を探し続けているのです。これまで見つかったメルセンヌ素数はこれで49個。ちなみに、使ったのはインテル Core i7 だけだそうです。私たちが普段、仕事場や自宅で使用しているパソコン程度で計算出来る素数だったのですね。

素数判定アルゴリズム—Basic と C 言語

素数かどうかを判定するアルゴリズムについて、Basic と C 言語のプログラム例です。

一般的な Basic では、次のように書きます。

```
10 INPUT PROMPT "X=":X
20 FOR I=2 TO X-1
30 IF X-I*INT(X/I)=0 THEN
40 PRINT X;"素数ではありません"
50 GOTO 90
60 END IF
70 NEXT I
80 PRINT X;"素数です"
90 END
```

また、C 言語では下のようになります。

```
#include <stdio.h>
int main (void){
    int i, x;
    printf ("x=");
    scanf ("%d", &x);
    for (i=2; i <=x-1; i++){
        if (x% i==0){
            printf ("素数ではありません ¥n") ;
            return 0;
        }
    }
    printf ("素数です ¥n");
    return 0;
}
```

いずれも、入力した数 x（2以上の自然数）を $x-1$ から始めて割り算をしていき、割り切れたかどうか、余りが0となるかで判定しています。

素因数分解の練習をしてみましょう。(p.54) の解答

(1) $18=2\times3^2$　　(2) $72=2^3\times3^2$

(3) $120=2^3\times3\times5$　　(4) $9991=97\times103$

97も103も素数です。

次の偶数を2つの素数の和で表してみましょう。(p.57)の解答

ゴールドバッハ予想の解答の一例です。正解が1通りとは限りません。

$20=3+17$　　$22=3+19$　　$24=5+19$

$26=3+23$　　$100=3+97$　　$200=7+193$

7も193も素数です。

第5章
ユークリッドさん、お母さんを助けて
─最大公約数の求め方とユークリッドの互除法

最大公約数の求め方─倍数の見つけ方

高校数学Aのカリキュラムの中に新たに「整数の性質」という単元が加わりました。その中には、“**ユークリッドの互除法**”という聞きなれない章があります。さて、その原理とは、何でしょうか。また、本書のRSA暗号では、どのような位置付けなのでしょうか。

ユークリッド

さて、土門君のお母さんのパスワードで、1403を23×61と素因数分解出来る方法を考えてみようか。その前に倍数と約数のおさらいをしておかなくてはね。
2つ以上の自然数で、それらに**共通の倍数を公倍数**、また**共通の約数を公約数**といったね

例えば、4の倍数は、4、8、12、16、20、24、28、32、36、…、6の倍数は、6、12、18、24、30、36、42、…共通な倍数12、24、36、…を**公倍数**。一番小さい公倍数12を**最小公倍数**。
また、12の約数は、1、2、3、4、6、12、18の約数は、1、2、3、6、9、18、
共通な約数1、2、3、6を**公約数**といい、一番大きな公約数6を**最大公約数**というよ。
後々この"最小公倍数"が暗号を復元するのに大事な要素を持っているので、忘れないでいてね……

自然数の倍数の見分け方を知っていると、最大公約数や最小公倍数を求めるとき、素因数分解するときに便利です。下のようにすると、見分けることが出来ます。

2の倍数 ⇒ 一の位が偶数（例えば18とか、3076……。いうまでもありませんね。偶数のことです）
3の倍数 ⇒ 各桁の数を加えて3の倍数（例えば213、2+1+3=6となり6は3の倍数）
4の倍数 ⇒ 下二桁が4の倍数または00（例えば924、24は4の倍数ですね）
5の倍数 ⇒ 一の位が0または5（これも知っていることでしょう。805とか270）

6の倍数 ⇒ 2の倍数・3の倍数両方の条件を満たす（例えば、132、1+3+2=6で3の倍数でかつ2の倍数）

7の倍数 ⇒ 一の位から、3桁ごとに区切り上位の数から交互に引く（−）足す（+）を繰り返した数の絶対値（符号を取る）が7の倍数（例えば、639275。639−275=364で364は7の倍数）

8の倍数 ⇒ 下三桁が8の倍数または000（例えば、5232。232は8の倍数）

9の倍数 ⇒ 各桁の数を加えて9の倍数（例えば、603918。6+0+3+9+1+8=27で9の倍数）

11の倍数 ⇒ 奇数桁の数の和と偶数桁の数の和の差が11の倍数

13の倍数 ⇒ 1の位から3桁ごとに区切り下位の数から交互に引く（−）足す（+）を繰り返した数の絶対値（符号を取る）が13の倍数

23の倍数 ⇒ 下一桁を7倍した数と下一桁を除いた数の和が23の倍数（例えば、851。
1×7=7、85+7=92で92は23の倍数）

31の倍数 ⇒ 全ての位の数字に、大きい位から順に3のべき乗（1, 3, 9, 27……）をかけ合わせ、交互に引く（−）足す（+）を繰り返した数が31の倍数

11の倍数と13の倍数、31の倍数の例を下に示してみます。808533が11の倍数かを確かめてみます。

1つ飛ばしに色を塗り分けてみますと808533。

そして、それぞれの和を計算します。

黒の和　8＋8＋3＝19　青の和　0＋5＋3＝8

19－8＝11　11の倍数ですので808533は11の倍数です。

1123616が13の倍数かを確かめてみます。

3桁ごとに塗り分けますと、1123616　616－123＋1＝494

494＝13×38。よって、494は13の倍数ですから、1123616は13の倍数であるといえます。

81220は(8×1)－(1×3)＋(2×9)－(2×27)＋(0×81)＝－31が31の倍数ですから、81220は31の倍数であるといえます。

3のべき乗数を青字にしました。

“3の倍数”の見分け方の証明

数を（4桁の数とします）n、$n=abcd$とします。

$$\begin{aligned} abcd &= 1000a+100b+10c+d \\ &= 999a+a+99b+b+9c+c+d \\ &= 3(333a+33b+3c)+(a+b+c+d) \end{aligned}$$

$3(333a+33b+3c)$は、3の倍数なので$a+b+c+d$が3の倍数であれば元の数も3の倍数となる。

同様に、“4の倍数”の見分け方の証明です。

数を（4桁の数とします）n、$n=abcd$とします。

$$\begin{aligned} abcd &= 1000a+100b+10c+d \\ &= 4(250a+25b)+(10c+d) \end{aligned}$$

$10c+d$が0か4の倍数なら、元の数も4の倍数ですね。

他の倍数の見分け方の証明も、考えてみるといかがでしょうか。

このような、整数の問題は実際の入試などでもよく出題されます。

2017年センター試験数学ⅠAの問4からの抜粋です。

(1) 百の位の数が3、十の位の数が7、一の位の数が a である3桁の自然数を $37a$ と表記する。
　$37a$ が4で割り切れるのは $a=$ ア , イ のときである。

(2) 千の位の数が7、百の位の数が b、十の位の数が5、一の位の数が c である4桁の自然数を $7b5c$ と表記する。
　$7b5c$ が4でも9でも割り切れる b, c の組は、全部で ウ 個ある。

解答は……

(1)は、$70+a$ が4の倍数になれば良いので、$72=4\times18$、$76=4\times19$より、$a=2$ または6ですね。

(2)は、同様に考えるとまず4の倍数となる c は、$52=4\times13$、$56=4\times14$より、$c=2$ または6です。

また、9の倍数になるには $7+b+5+c$ が9の倍数になれば良いですね。

$7+b+5+c=12+b+c$ が、9の倍数になるために、

$b+c=6$（$12+b+c=18$で 9 の倍数）か

$b+c=15$（$12+b+c=27$で 9 の倍数）のいずれかの場合です。

$c=2$ のとき $b+c=6$ になるのは、$b=4$ の 1 組。

$c=6$ のとき $b+c=15$は、$b=0$ か $b=9$ の 2 組。

よって、答えは 3 個となります。

さて、土門君のお母さんの暗証番号は４桁だったね。例えば、２つの素数をかけ合わせて、出来る数を考えてみるよ。
21、91、55、……
といろいろ考えられるけれど、いずれも
21＝3×7、91＝7×13、55＝5×11
と比較的簡単に積の形（素因数分解）に出来てしまうだろ。
じゃ、3007、2117はどんな２つの素数をかけ合わせたものか、わかるかい？

難しいですね

実際、大きな数の素因数分解を簡単にする方法はないと前に言ったよね。
ただ、２つの数の最大公約数を求めることから、出来る方法がある。
165と360を素因数分解するときは、165と360の最大公約数を求めるよ

5) 165　360
3) 33　72
11　24

最大公約数は、5×3=15　だね

あ、だから、165÷15=11

$165=11\times15=11\times3\times5$

$360\div15=24$

$360=24\times15=3\times8\times3\times5=2^3\cdot3^2\cdot5$

と素因数分解出来る

では、1463と1235の最大公約数を求めてそれぞれを素因数分解出来るかい。
数が大きいと最大公約数を求めるのも大変だね。
次のように、計算すると求められるよ。
360と165ならば、

360÷165=2　余り30より

165÷30=5　余り**15**より

30÷15=2　余り0

と余りが0になるまで続ければ……

$a\div b=q$　余り r
ユー**ク**　リッ　**ド**
$b\div r=$…商　余り
ク÷**ド**=…
(クドクド…と覚える)

割り切れた前の割り算の余りである**15**が360と165の最大公約数となるんですね

この方法を**ユークリッドの互除法**というんだ。
元々、互除法はアルゴリズム（英；algorithm）から来てるんだよ。
前の1463と1235をユークリッドの互除法で、同様に計算し最大公約数を求めてみようか

えっと　1463÷1235=1　余り228
1235÷228=5　余り95
228÷95=2　余り38
95÷38=2　余り19
38÷19=2
最大公約数は、19
1463÷19=77　77=7×11
1463=19×11×7
1235÷19=65　65=13×5
1235=19×13×5
と素因数分解出来た

土門君、冴えてるね

お母さんのために頑張ったんだね

あうっ…

> 1615と1547の最大公約数を求め、素因数分解してみよう。
>
> 解答は p.76

A と B の最大公約数が G だとすると B と $A-B$ の最大公約数も G となる。

これがユークリッドの互除法の原理です。

372099と229970の最大公約数をユークリッドの互除法を使って計算してみましょう。普通ならば、素因数分解も無理ですね。

A B	B $A-B$
372099 − 229970 = 142129	229970と142129の最大公約数も同じ。
229970 − 142129 = 87841	142129と87841の最大公約数も同じ。
142129 − 87841 = 54288	以下も同様に考えると……
87841 − 54288 = 33553	
54288 − 33553 = 20735	
33553 − 20735 = 12818	
20735 − 12818 = 7917	
12818 − 7917 = 4901	
7917 − 4901 = 3016	
4901 − 3016 = 1885	
3016 − 1885 = 1131	
1885 − 1131 = 754	
1131 − 754 = 377	

754と377の最大公約数も229970と372099の最大公約数と同じです。

$$754-377\times 2=0$$

これで終わりです。なぜなら、0と377（素数）の公約数は存在しないからです。（“×2”は2回引いたことです）

“終わり”の前ステップの377が最大公約数です。

いくらなんでも、229970と372099、どちらの数も377（素数）で割り切れることはすぐにはわからないですね。この計算が大変なことが（時間がかかること）、暗号に使われている所以なのです。

ユークリッドの互除法の証明

A、Bの最大公約数を、$GCM(A, B)$と書くことにします。

AをBで割った商をq余りをrとする。

$A=Bq+r$より

A、Bがともにmの倍数ならば、$r=A-Bq$もmの倍数。

$$GCM(A, B)\leq GCM(B, r)$$

B、rがともにmの倍数ならば、$A=Bq+r$もmの倍数。

$$GCM(A, B)\geq GCM(B, r)$$

以上のことから、

$$GCM(A, B)=GCM(B, r)$$

この操作を繰り返し行えば、余りは$B>r$なので、必ず有限回で操作は終了し、最後は必ず余りが0となって終わる。

そのときの割った数（前回の割り算の余り）が、
$GCM(A, B)$ である。

一般に、自然数 m に対して B と $A-mB$ の最大公約数も G になります。$A>B$ なる2つの自然数 A、B の最大公約数を求める互除法のアルゴリズムは、実際は引き算でなくて割り算で求めた方が早いし簡単です。

16741117と11836597の最大公約数を求めるとき、一般には次のように割り算で計算します。

16741117 ÷ 11836597 = 1　余り4904520
11836597 ÷ 4904520 = 2　余り2027557　商が2ということは、2回引いていることと同じ。
4904520 ÷ 2027557 = 2　余り849406
2027557 ÷ 849406 = 2　余り328745
849406 ÷ 328745 = 2　余り191916
328745 ÷ 191916 = 1　余り136829
191916 ÷ 136829 = 1　余り55087
136829 ÷ 55087 = 2　余り26655
55087 ÷ 26655 = 2　余り1777
26655 ÷ 1777 = 15　割り切れた、終わり！

したがって“終わり”の前のステップの余り1777が最大公約数です。

いかがでしょうか。

つまり、16741117と11836597の最大公約数は1777（素数）です。

ユークリッドの原論

紀元前300年頃に記されたユークリッドの「原論」第７巻に記されている命題１から３がこの互除法です。

アレクサンドリアのユークリッド（エウクレイデス）は、紀元前３世紀ごろの古代ギリシア時代の数学者・天文学者とされています。数学史上最も重要でバイブルとも称される「原論」の著者であり、「幾何学の父」とも呼ばれています。「原論」は19世紀末から20世紀初頭まで数学（幾何学）の教科書として使われ続けています。

「原論」は全13巻からなりますが、その最初のページには次のように記されています。

定義

1．点とは面積（部分）をもたない
2．線とは連続する点の集まり、幅のない長さである
3．線の端は点である
4．直線とは２点を結ぶ最短距離である
5．面は長さと幅のみをもつものである

至極当たり前のことですが、幾何学はここから始まっているのですね。

さて、ユークリッドの互除法と素因数分解を使って、こんな暗号を考えてみたよ

やっと、暗号が出てきた！

例えば、あらかじめ暗号キーを

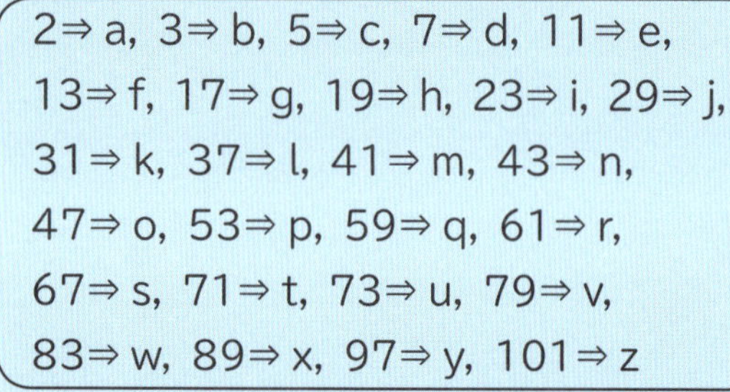

2⇒ a, 3⇒ b, 5⇒ c, 7⇒ d, 11⇒ e,
13⇒ f, 17⇒ g, 19⇒ h, 23⇒ i, 29⇒ j,
31⇒ k, 37⇒ l, 41⇒ m, 43⇒ n,
47⇒ o, 53⇒ p, 59⇒ q, 61⇒ r,
67⇒ s, 71⇒ t, 73⇒ u, 79⇒ v,
83⇒ w, 89⇒ x, 97⇒ y, 101⇒ z

と決めておき、小さい順に素数にアルファベットを割り振っておこう。

そして、“34529、4343” を送信する。これが暗号だね。

相手は、ユークリッドの互除法から、割り算することにより、

34529÷4343=7　余り4128

4343÷4128=1　余り215

4128÷215=19　余り43

215÷43=5

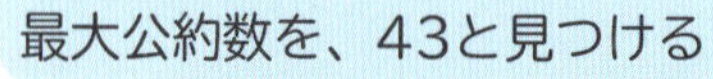

最大公約数を、43と見つける

先生！ 34529÷43=803だから、素因数分解出来ますね

そう、よって34529＝43×803

803は、62ページの倍数の見つけ方で、
8＋3＝11　11－0＝11　　11の倍数だ！

土門君、冴えているね

803÷11＝73だから、最終的には
34529＝43×11×73
また、4343は43の倍数なのは、見てすぐに気が付くよね。
　4343＝43×101　（101は素数）
34529＝43×803＝43×11×73
　4343＝43×101　と素因数分解する。
素因数を全て並べて、アルファベットに変換すると……

ええと、43、11、73、43、101⇒n，e，u，n，zで……これを先生どうすれば良いですか？

アルファベットをアナグラムといって並べ替えをするんだ

zuenn、zunen、unenz、unzen、雲仙だ！

またまた、土門君冴えてる!!

まともに素因数分解するのが大変な大きな数であったり、相手に素因数分解の知識がなければ、解読するのもなかなか難しいといえる暗号だと思わないかい?

もう1題“16951、14663”を素因数分解し暗号を解読してみよう

16951÷14663=1　余り2288
14663÷2288=6　余り935
2288÷935=2　余り418
935÷418=2　余り99
418÷99=4　余り22
99÷22=4　余り11
22÷11=2　割り切れた。よって、最大公約数は、11。
16951÷11=1541　1541=23×67　※1
　16951=11×23×67　⇒e, i, s
14663÷11=1333　1333=31×43　※2
　14663=11×31×43　⇒e, k, n
　e, i, sとe, k, nをアナグラムで並べ替えてみると……、
　“sekine”と復号出来ました!

※1、※2 は、62ページの倍数の見つけ方から、1541は23の倍数。1333は31の倍数と見つけるか、アルファベットに割り振られた素数（2～101）で、しらみつぶしに割り切れるか確かめます。

少々大変ですが……。

暗号を作って解いてみよう－Part 6（素因数分解暗号）

“439022、126362” を素因数分解し、暗号を解読せよ。

解答は p.77

コラム

SSL 通信の安全性

SSL 通信、よく目にすると思います。SSL とは **Secure Sockets Layer** の略で、送受信しているデータを暗号化する通信手順です。実際に SSL 化されているかは、Web サイトの URL アドレスが、https から始まっているかアドレス入力欄の脇に、**鍵のマーク**がついていることで確認出来ます。

2016年はSSL導入への考え方を大きく変えた年かもしれません。Googleは2015年12月に、公式ブログ上で、SSL化されたWebサイトのページを検索結果で優遇すると発表しました。また、2016年のSSL無料化の動きも拍車をかけました。Webサイトの管理者はすべてのページをSSL化する必要が出てきたのです。

ただ、GoogleやFacebook、Amazonは、地球規模の大量のデータ、顧客情報を吸い上げています。これは恐ろしいことですね。数十億人の個人データを持っているのですから……。

最大公約数を求め、素因数分解してみよう。(p.68) の解答

1615÷1547＝1　余り68

1547÷68＝22　余り51

68÷51＝1　余り17

51÷17＝3　余り0　　割り切れたので、最大公約数は17!!

1615÷17＝95　　95＝5×19

1547÷17＝91　　91＝7×13

なので

1615＝5×17×19

1547＝7×13×17

と素因数分解出来ます。

暗号を作って解いてみよう Part 6（素因数分解暗号）(p.75) の解答

まず、どちらの数も2の倍数ですね。

439022÷2＝219511　　126362÷2＝63181

219511と63181の最大公約数をユークリッドの互除法で求めてみます。

219511÷63181＝3　余り29968

63181÷29968＝2　余り3245

29968÷3245＝9　余り763

3245÷763＝4　余り193

763÷193＝3　余り184

193÷184＝1　余り9

184÷9＝20　余り4

9÷4＝2　余り1

4÷1＝4

あれ……。最大公約数は“2”だったのですね。

439022＝2×219511

219511は、62ページにあるように、上位の位から3のべき乗を交互に引く、足す、…を繰り返すと

2･1－1･3＋9･9－5･27＋1･81－1･243

＝2－3＋81－135＋81－243

＝－217

217＝31×7　ですから、31の倍数であることがわかります。

219511＝31×7081また、7081は73×97　なので

439022＝2×31×73×97　⇒a, k, u, y

126362＝2×63181

63181は、1×7＋6318＝6325＝23×275　で、23の倍数

63181＝23×2747＝23×41×67

126362＝2×23×41×67　⇒a, i, m, s

a, k, u, y, a, i, m, s

アナグラムで並べると……yakusima 日本で初めて認定された世界自然遺産、「屋久島」でした（汗）。

【後編】

現代の暗号

第6章
RSA暗号を作ってみよう（暗号化）
―合同式

LINEメールの安全性

先生、ネットといえばトークアプリなども暗号で保護されているのですか？

素因数分解が使われていたら安全そうですね

いやいや、確かに素因数分解の暗号は一見すると、安全そうに見えるけれど数学の知識がある人だったら解読されてしまうよ。
もっと、複雑なRSA暗号が使われているんだ。
例えば、君たちも良く使っているLINEというアプリがあるだろう

はい！

LINEは2048ビットのRSA暗号を使用しているといっている

RSA暗号？

そう。RSA暗号は1024ビット未満でも、一般のPCを使用する場合解読に2000年以上かかるとする研究を紹介し、2048ビットRSA暗号の安全性を強調しているんだ。
そして従来の暗号化に新たに、Letter Sealingを加えて、強力な暗号化通信システムを可能にしたそうだよ。いままでのメールなどは、LINEユーザとサーバ間だけでの暗号化だったけれど、各ユーザの端末でも暗号化してダブルで安全を確保する仕組みだと言っている。
Letter Sealingを有効にする手順は、
iPhone/Android版LINEアプリで
その他 /… から **設定** → **トーク・通話** と進み、
Letter Sealing の項目をオンにするだけ。
知っていたかい？

へぇー。後で設定がどうなっているか見てみよう！

素因数分解の暗号はなかなか解読されないと思いますが、数学の知識がある人や専門に暗号解読を仕事にしている人たち（研究者として大学や企業のラボに所属し、研究や開発に携わっています）には、たちどころに解読されてしまうでしょう。

そこで次のような、複雑な暗号方法が考えられました。

それは、RSA暗号と呼ばれ現在もっとも広く利用されている方法です。

RSA暗号は1977年に、発明者であるロナルド・リベスト、アディ・シャミア、レオナルド・エーデルマンの頭文字をつなげてこのように呼ばれています。発明者3氏は、この功績によって2002年のチューリング賞を受賞しました。

チューリング賞とは、1966年に創設された米国コンピュータ学会（ACM）が毎年授与する、計算機科学分野でもっとも顕著な業績を上げた人物に与えられる賞です。

コンピュータの理論的原型を考案した英国の数学者A. M.チューリングの名を冠し、コンピュータ分野のノーベル賞（ノーベル賞に数学賞はありません）とも言われています。

さて、まずこの章では暗号化する手順だけを説明していきましょう。

RSA暗号は、web上で公開鍵と言われている数を文字通り公開しています。

それを、(e, n)としましょう。ここでeとnは整数ですが、nは2つの素数の積で作られています。公開鍵を$(e, n)=(3, 55)$だとします。

ユーザの暗証番号を2桁"17"だとしましょう。

今から、この暗証番号を公開鍵で暗号化します。

公開鍵(e, n)を使って、17^eをnで割った余りが、暗号となります。

$17^3 \div 55 = 89$　余り18

と公開鍵を使ってe乗した後にnで割り算をした余り"18"

が暗号となるのです。

もうひとつ例を挙げてみましょう。

クレジットカードの暗証番号を"8111"としましょう。

$8111^3 \div 55 = 9701983120$　余り31

このように割り算をした余り"31"が、暗号となります。

いかがですか。暗号化は、いたってシンプルで簡単でしょう。

ただ、実際に使われている公開鍵は、$(e, n) = (3, 55)$ のような小さな数ではなく、例えば、$(e, n) = (1649, 5132239)$ のような大きな数です（$5132239 = 7 \times 733177$）。

17を暗号化しようとしたら……、

$17^{1649} \div 5132239$ という計算をしなければなりません。2桁でも大変、4桁の暗証番号ならばもっと大変ですね。

また、公開鍵は随時変更されます。一体、何年何月何日の何時何分に公開された鍵なのかを第三者に知られることはありません。

さらに、一般に n に用いられる数は、600桁もの整数です。この600桁の整数がどんな2つの素数の積になっているかをスーパーコンピュータを使って割り算させても 10^{270} 年以上かかるとされているので簡単には計算出来ませんし、さらに暗号化するのにも時間がかかってしまいます。

公開鍵が上の $(e, n) = (3, 55)$ のような小さな数であっても、計算が大変ですね。そこで、少々寄り道に見えるかもしれませんが、割り算をした余りが暗号となるので、その余りを比較的容易に計算出来る方法として、「**合同式**」というものを次にご紹介しましょう。

合同式

御徒町校長先生が、放課後いつもの数学クラブが活動（？）している教室にふらっとやってきた。

いつも楽しそうにやっているね。
見学してもいいかい？

もちろん結構です。校長先生にも懐かしい中学数学の話をしましょう。“合同”と聞いて真っ先に思い出すことは何でしょうか？

合同会社……

合同コンパ！

合同コンペ……

校長先生のゴルフの腕前は一級品ですからね。
土門君は、数学クラブのメンバーなのだから、
“三角形の合同”くらい言ってほしかったなぁ

そうか……真っ先に思い出すことは、中学校で習った三角形の合同か。

> 2つの三角形において、つぎの条件のいずれかが成り立つとき、その2つの三角形は合同である。
>
> 1. 3組の辺がそれぞれ等しい
> 2. 2組の辺とその間の角がそれぞれ等しい
> 3. 1組の辺とその両端の角がそれぞれ等しい

でしたね！

数学では、三角形の合同のように図形で使われることが多いけれど、ユークリッド幾何学において、2つの図形が合同とは、それらの形と大きさが同じであるということだ。場合によっては、一方を鏡に映して見えた像（裏返した像）である場合も合同と考えるよ

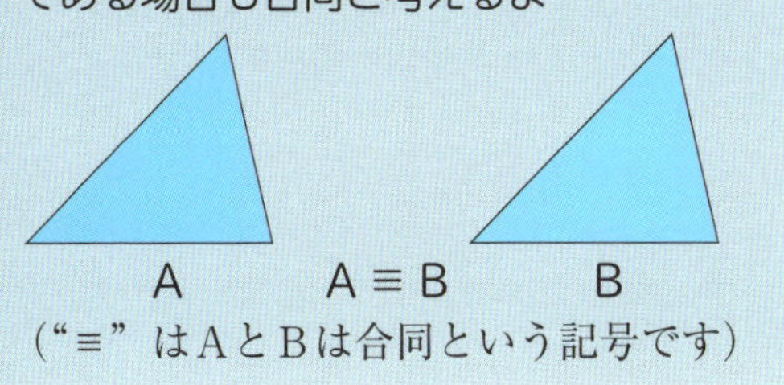

（“≡”はAとBは合同という記号です）

さて、本書で使う合同とは、整数の間での合同のことで

す。初めてこれを研究したのはドイツの数学者ガウス（1777−1855年）です。1801年に発表された著書『Disquisitiones Arithmeticae』で扱われています。また大学の理工学部の1年で学習する“線形代数学”の中で出てくる行列でも“合同”という言葉が用いられています。

ヨハン・カール・
フリードリヒ・ガウス

合同の理論は、暗号の理論などに良く使われていて、計算機について詳しく知ろうとする人にとって基本的な常識の1つです。詳しい正確な説明にはかなりの量が必要になります。それは初等整数論の教科書に譲ることにして、ここでは簡単に説明していきましょう。

合同式の定義は次の通りです。

定義　整数の合同

自然数 m および整数 a, b に対して a を m で割った余りが b のとき、また数 a, b を m で割った余りが等しいとき、また $a-b$ が m で割り切れるとき

$$a \equiv b \pmod{m}$$ （「a 合同 b モジュロ m」と読みます）

と表し、a, b は合同関係にあるという。この式を合同式、自然数 m は法という。

わかりやすく簡単に説明しようか。
例えば、$17 \div 5 = 3$　余り 2
このことを　$17 \equiv 2 \pmod{5}$
ここで17は、5 で割ると余りが 2 ということを表しているんだ。
$32 \div 5 = 6$　余り 2　　これは、
$32 \equiv 2 \pmod{5}$ だね

そうか……。17も32も **5 で割ると余りが 2** で等しいので、$17 \equiv 32 \pmod{5}$ とも書けますね

その通り。
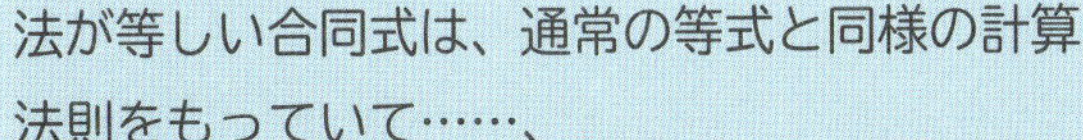
法が等しい合同式は、通常の等式と同様の計算法則をもっていて……、
$39 \div 5 = 7$　余り 4
合同式で書くと、$39 \equiv 4 \pmod{5}$…①だね。
$27 \div 5 = 5$　余り 2
合同式で書くと、$27 \equiv 2 \pmod{5}$
$39 \equiv 4 \pmod{5}$　　$27 \equiv 2 \pmod{5}$…②
①と②の両辺をそれぞれ加えたら
左辺は、$39 + 27 = 66$
　　　　$66 \div 5 = 13$　余り 1
だよね

右辺は、 $4+2=6$

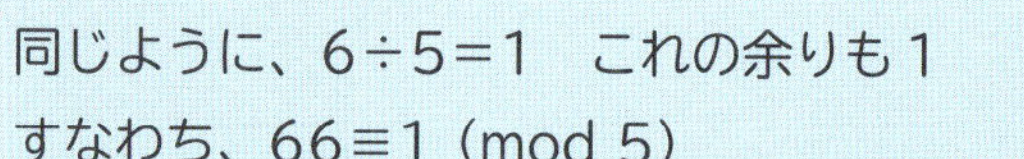

同じように、$6\div5=1$　これの余りも１

すなわち、$66\equiv1 \pmod 5$

と２つの合同式の辺々を**加える**計算が出来ることがわかるね。

では、$39\equiv4 \pmod 5$　$27\equiv2 \pmod 5$

の辺々を**引いたら**どうなるだろう。

$$39-27\equiv4-2 \pmod 5$$

$$12\equiv2 \pmod 5$$

と辺々の差をとっても成り立つことがわかる。

では、$39\equiv4 \pmod 5$　$27\equiv2 \pmod 5$

の辺々を**かけて**みよう。

$$39\times27=1053 \qquad 4\times2=8$$

$$1053\equiv3 \pmod 5 \qquad 8\equiv3 \pmod 5$$

$$39\times27\equiv4\times2 \pmod 5$$

と辺々をかけることも出来る。

これらは、等式の計算性質と同じだね

先生、$39\equiv4 \pmod 5$　　$27\equiv2 \pmod 5$

の辺々を割ることは出来ますか？

$$\frac{39}{27}\equiv\frac{4}{2} \pmod 5$$

$$\frac{13}{9}\equiv2 \pmod 5$$

成り立ちませんよ

そう、おかしな計算になるね。加減乗は等式の計算と同じことが出来るけれど、**除法（割り算）**については、出来ないんだ

気を付けなければいけませんね！

合同式を使った問題は大学入試にも出題されています。ただ教科書では発展として扱われていることから、センター試験には出題されず、授業で扱わないことすらあります。しかし、合同式の性質を知っておくだけで計算がとっても楽になることが多くあります。

下の問題は、2017年岡山大学（文系）で出題された入試問題（抜粋）です。

自然数 a を 7 で割った余りを、R(a) と書くこととする。以下の問に答えなさい。

(1) すべての自然数 n に対して、$R(2^{n+3})=R(2^n)$ となることを示せ。

(2) $R(2^{2017})$ を求めよ。

解答は……

(1) $2^{n+3}=2^3\times2^n=8\cdot2^n=(7+1)2^n\equiv2^n\pmod 7$

したがって、$R(2^{n+3})=R(2^n)$

(2) $2^{2017}=2\times2^{2016}=2\times(2^3)^{672}=2\times(7+1)^{672}\equiv2\times1\equiv2\pmod 7$

いかがですか？

合同の考えを使うと意外と簡単に解けてしまいますね。さらに、ここで割り算をきちんと定義しておかなくてはならないことになります。

その前に、いろいろな数についてまとめておきましょう。

いろいろな数の世界

人類はいろいろな理由で、数を使いこなし、また工夫して生活や科学の世界に利用しています。

現在私たちが使っている数字は、アラビア数字と呼ばれています。

本当はインドが起源なのですが、アラビアからヨーロッパやアジア圏に伝わったことから「**アラビア数字**」と呼ばれるようになったのです。日本ではその後定着したことから、洋数字とか算用数字とも呼んでいますね。

【アラビア数字の変遷】

数字	0	1	2	3	4	5	6	7	8	9
デーヴァナーガリー数字	०	१	२	३	४	५	६	७	८	९
ペルシア数字	٠	١	٢	٣	٤	٥	٦	٧	٨	٩
アラビア・インド数字	۰	۱	۲	۳	۴	۵	۶	۷	۸	۹
アラビア数字	0	1	2	3	4	5	6	7	8	9

（出典：Wikipedia より）

2～3世紀頃に原形が生まれ、6世紀頃「0」が発見されそれから1500年かけて今の形になったとされています。

さて、最初に生まれた数は「1、2、3、4、5、…」でしょう。これを「**自然数（正の整数）**」と呼びます。ただ自然数しか知らないと、6+3や6−3、6×3や6÷3は計算出来ても、3−6や3−3、3÷6は計算出来ませんね。負の数や0、分数が使えないからです。

そこでまず、3−6や3−3を可能にするために、負の整数と0を加えます。

「…−4、−3、−2、−1、0、1、2、3、4、…」これを「**整数**」と呼びます。

ただし、まだ3÷6は出来ません。そのため次に、分数で表せる数「**有理数**」を追加します。

これで、四則計算が全て出来るようになりました。

人類はさらに、分数では表せない数の必要性に気が付きます。円周率πや平方根、立方根などです。これらは「**無理数**」と呼ばれています。おそらく、古代エジプト人がピラミッドを建てるときや山の高さや川幅の測量をするときにどうしてもその必要に迫られてのことだったのでしょう。

高さを求めるためには、直角三角形で三平方の定理を使う必要がありますね。そうするとどうしても、無理数の出番が不可欠です。

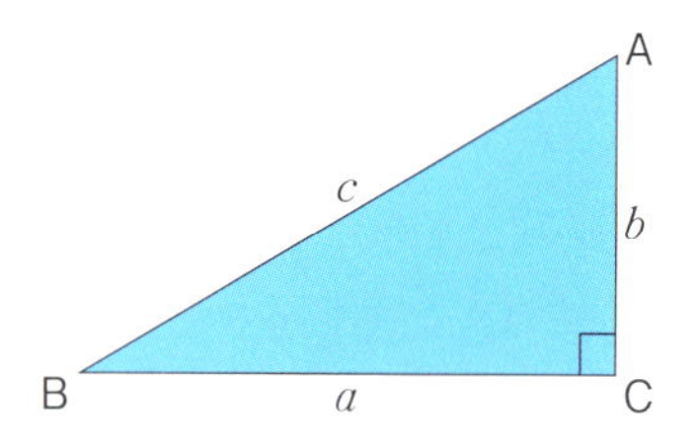

上の直角三角形 ABC で、三平方の定理から

$$a^2+b^2=c^2$$

高さ b は、$b=\sqrt{c^2-a^2}$ と求める際に、平方根（無理数）が必要ですね。

さて、本書では紹介にとどめますが、16世紀のイタリアの数学者、カルダノ（1501―1576年）が3次方程式の解の公式を発表します。それは次のようなものです。

3次方程式の解の公式（カルダノの方法）

3次方程式の一般的な解法は、**カルダノの方法**として知られています。

$$a_3x^3+a_2x^2+a_1x+a_0=0 \quad (a_3 \neq 0)$$

の両辺を a_3 で割り

$$x^3+\frac{a_2}{a_3}x^2+\frac{a_1}{a_3}x+\frac{a_0}{a_3}=0$$

の形にします。ここで、$A_n=\frac{a_n}{a_3}$ とすれば、

$$x^3+A_2x^2+A_1x+A_0=0$$

と書くことが出来ますね。

$x=y-\frac{A^2}{3}$ によって変数変換を行うと、

$(a-b)^3=a^3-3a^2b+3ab^2-b^3$ より

$$y^3+\left(A_1-\frac{A_2^2}{3}\right)y+\left(A_0-\frac{1}{3}A_1A_2+\frac{2}{27}A_2^3\right)=0$$

のように二次の項が消えた方程式が得られます。見やすいように一次の係数を p、定数項を q とし $y^3+py+q=0$ と書きましょう。

さらに

$$y=u+v \quad \cdots※$$

と置くと

$$u^3+v^3+(3uv+p)(u+v)=0$$

ここで

$$u^3+v^3+q=0、3uv+p=0$$

となる u、v を考えることにより、そこから y の値を求めることが出来ます。この二つの式から v を消去すると

$$u^6+qu^3-\left(\frac{p}{3}\right)^3=0$$

この式は u^3 に関して見て $u^3=X$ と考えれば

$$X^2+qX-\left(\frac{p}{3}\right)^3=0$$

は X の2次方程式なので、2次方程式の解の公式より

$$u^3=X=-\frac{q}{2}\pm\sqrt{\left(\frac{q}{2}\right)^2+\left(\frac{p}{3}\right)^3}$$

u と v は対称なので、入れ替えることにより v^3 になります。それぞれの立方根の和として※より

$$y=\sqrt[3]{-\frac{q}{2}+\sqrt{\left(\frac{q}{2}\right)^2+\left(\frac{p}{3}\right)^3}}+\sqrt[3]{-\frac{q}{2}-\sqrt{\left(\frac{q}{2}\right)^2+\left(\frac{p}{3}\right)^3}}$$

と解の一つを求めることが出来ます。

さらに、$x=y-\frac{A^2}{3}$から、xの値も求められます。

このとき、2乗するとマイナスになる「奇妙な」数が登場してきます。

これを「**虚数**（きょすう）」と呼びます。

2乗するとマイナスになる、そんな数ってあるの？ と思うかもしれませんが、$x^2+2=0$という2次方程式を解こうとすると……。

これを解くと$x=\pm\sqrt{-2}$となってしまい、2乗するとマイナスになる数の存在を認めずには解決出来ません。

無理数にこの虚数を含めた数を加えて、「**複素数**」といいます。

さて寄り道をしましたが、除法（割り算）のおさらいもしましょう。

ここでいう除法とは、“$7 \div 2 = 3$ 余り 1”のように商と余りを求めるものをいい、“$7 \div 2 = \frac{7}{2} = 3.5$”というような答えが有理数（分数の形に表せるもの）になるものは除外します。なぜかというと、前の合同式では余りを整数で考えていたからです。

このことを踏まえて、次の除法をしてみましょう。

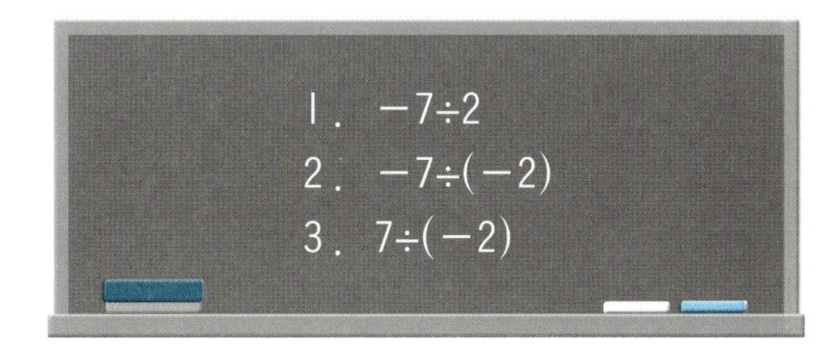

ポイントは除法の定義は、以下のとおりです。

定義

a, q を整数、b を正の整数とする。

$a \div b$ を次のように定義する。ただし、$0 \leqq r < b$

$$a = bq + r$$

q を商、r を余りといい、この表し方はただ一通りだけである。

この定義を踏まえれば、$-7 \div 2 = -3$ 余り -1 は間違いですね（$0 \leqq -1 < 2$ は成り立ちません）。余り r は、$0 \leqq r < b$

でなくてはならないからです。では、どう表現しますか？

$-7 \div 2 = -4$ 余り 1 とすれば、$0 \leqq 1 < 2$ なので正解です。

ちなみに、2．3．は除法の定義では表現することが出来ません。問題として不適（成り立たない）ということになります（いずれも、割る数 b が正の整数でない）。

次の除法を定義により、$a=bq+r$ の形で表しましょう。

※答えはいずれも一通りしかありません。

1．$100 \div 23$　　2．$-16 \div 5$

3．$3 \div 7$　　4．$2 \div 5$

解答は p.126

さて、合同式について話を進めていきましょう。90ページの続きです。

合同式は、除法については成り立ちませんでしたね。そこを注意して、ここまでのことをまとめておきましょう。

a, b, c, d を整数とする。

$a \equiv b \pmod{m}$ かつ $c \equiv d \pmod{m}$ のとき

1．$a+c \equiv b+d \pmod{m}$

2．$a-c \equiv b-d \pmod{m}$

3．$a \cdot c \equiv b \cdot d \pmod{m}$

となる。

これらは、$a \pm c = k_1 n$、$b \pm d = k_2 n$ とすれば簡単に証明も出来ます。

また、任意の整数 k に対して $k \equiv k \pmod{m}$ なので、$a \equiv b \pmod{m}$ のとき

4．$a + k \equiv b + k \pmod{m}$
5．$a - k \equiv b - k \pmod{m}$
6．$k \cdot a \equiv k \cdot b \pmod{m}$

が成り立ちます。ほとんど等式の計算と変わらないことがわかるでしょう。

さらに、$a \cdot c \equiv b \cdot d \pmod{m}$ において、$a \equiv c$、$b \equiv d \pmod{m}$ ならば $a^2 \equiv b^2 \pmod{m}$ となり、この操作を繰り返すことにより、任意の自然数 n に対して

7．$a^n \equiv b^n \pmod{m}$

も成り立つことがわかります。合同式の両辺を n 乗しても成り立つということです。

この性質は、結果も自然なものですがかなりのパワーのあるものです。

7^{100}を 6 で割った時の余りを求めなさい。どうかな？

先生、無理です……

そうだね。7^{100}は85桁の数。現在の計算機の能力からすれば、この数を実際に計算することは簡単だろうが……、

7^{100}=323447650962475799134464776910021681085720319890462540093389533139169145963692806000 1

この数を実際に6で割って余りを求めることも可能だけど、この計算を筆算（手計算）でやろうと言う人はいないよね（笑）。
実はこの余りは合同式の性質を使うことで瞬時に求められるよ

まず、7≡1（mod 6）（7を6で割った余りは1）で、97ページの7．より　両辺を100乗出来て、$7^{100} \equiv 1^{100} \equiv 1 \pmod 6$　より、7^{100}を6で割った余りは1と瞬時に求められる！

合同式、すごいですね

校長先生もすごいっす

そうだね。合同式は加・減・乗については、良い性質を持ち、扱いも簡単。出来れば割り算についても使えると便利だね。
割り算については、ある条件を満たしていれば可能だよ

例えば、$50 \equiv 20 \pmod{10}$ だけど、これを 2 で割った、$25 \equiv 10 \pmod{10}$ は成り立たないことは明らかだよね。
ただし、k, m が互いに素（最大公約数が 1）であるときは、
$k \cdot a \equiv k \cdot b \pmod{m}$ ならば、
$a \equiv b \pmod{m}$ が成り立ち、
また、$m \equiv k \cdot m'$ であり
$k \cdot a \equiv k \cdot b \pmod{k \cdot m'}$ ならば
$a \equiv b \pmod{m'}$ も成り立つよ。
1題解いてみようか

「8 で割った余り」とは、“mod 8” を考えることかぁ……。
まず、合同式で書いてみると

$$9 \equiv 1 \pmod{8}$$

97ページの 7. を使って、

$$9^{100} \equiv 1^{100} \pmod{8}$$

よって、$9^{100} \equiv 1^{100} = 1$
余りは 1 と求められますね

コンパとかコンペとか言っているようじゃダメかもね

関根先生のボーナスも合同式で計算した余りで決めようかな……笑

校長先生、すみませんでした……

① 8^{100} を 7 で割った余りを求めよ。

② 13^{100} を 6 で割った余りを求めよ。

解答は p.126

もう 1 題、こんな問題ももう解けるでしょう。

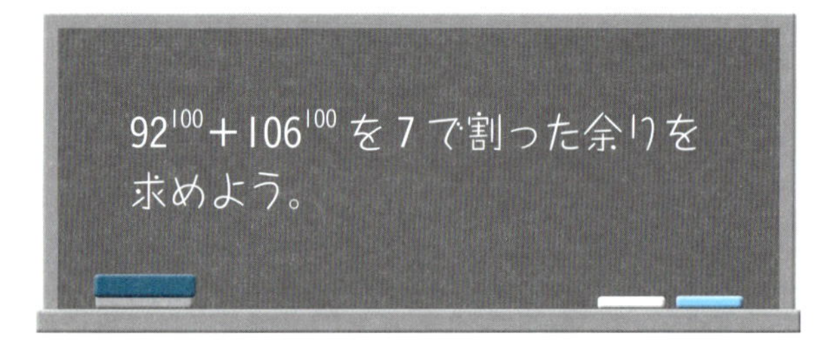

まさか100乗の計算する人は、もういませんね。

$92 \equiv 1 \pmod{7}$

$106 \equiv 1 \pmod{7}$

$92^{100} \equiv 1^{100} \equiv 1 \pmod{7}$

$106^{100} \equiv 1^{100} \equiv 1 \pmod{7}$

よって、

$92^{100} + 106^{100} \equiv 1 + 1 \equiv 2 \pmod{7}$

求める余りは、2でした。

RSA暗号を復号化する際に、どうしても「1次合同方程式」を解かなければならないよ

先生、方程式にはいろいろな種類がありますよね。1次方程式、2次方程式、連立方程式……

そうだね。ここでは、合同式で表された方程式を解く、すなわち未知数 x を求めてみようか。たとえば、次のような合同式。

$$3x \equiv 4 \pmod{5}$$

この式は、どのような x ならば、$3x$ を5で割ったときの余りが4になるかという意味になるよね

5を法として考えているので、考えられる答えの候補は $x \equiv 1$、2、3、4 (mod 5)の4通りだけですよね？

$x \equiv 5$ だと、$3x$ は5の倍数なので5で割ったら、割り切れて余りはありませんね

今、1つずつ代入して確かめてみようか。
すると、$x \equiv 3 \pmod 5$ のときにのみ、
$3x \equiv 9 \equiv 4 \pmod 5$ となり、合同式が成り立つことがわかるね。
したがって、1次合同式 $3x \equiv 4 \pmod 5$ の解は、$3x \equiv 9 \pmod 5$ より両辺を 3 で割って、$x \equiv 3 \pmod 5$ と解くことが出来る

なるほど〜

次の1次合同方程式を解いてみよう。

(1) $4x \equiv 5 \pmod 3$

(2) $5x \equiv 3 \pmod 4$

解答は p.126

さて、1次合同方程式では解がないときもあります。普通、1次方程式には必ず解が存在しますね。ところが、1次合同方程式には解が存在しない場合があるのです。下の例を見てください。

$$5x \equiv 1 \pmod 5$$

この1次合同方程式の解は存在しません。考えてみてください。

$5x$ は5の倍数ですね。その数を(mod 5)すなわち、5で割ったときに余りが1になる、そんな数がありますか？ 5の倍数は、5で割ったならば必ず割り切れてしまいます

ね。解なしです。

実際に、$x \equiv 1$、2、3、4 のいずれを代入しても合同式が成り立たないことはすぐにわかります。

次の1次合同方程式には、いずれも解が存在しません。確かめてみてください。

$$4x \equiv 3 \pmod{6}$$
$$5x \equiv 2 \pmod{10}$$
$$12x \equiv 7 \pmod{4}$$

一般に1次合同式 $ax \equiv b \pmod{m}$ について、a と m が互いに素ならば、解がただ1つのみ存在します。

また、1次合同式 $ax \equiv b \pmod{m}$ について a と m の最大公約数 d が b の約数でないならば解は存在しません。

1次合同方程式の考え方がわかったところで、次のような問題を考えてみましょう。

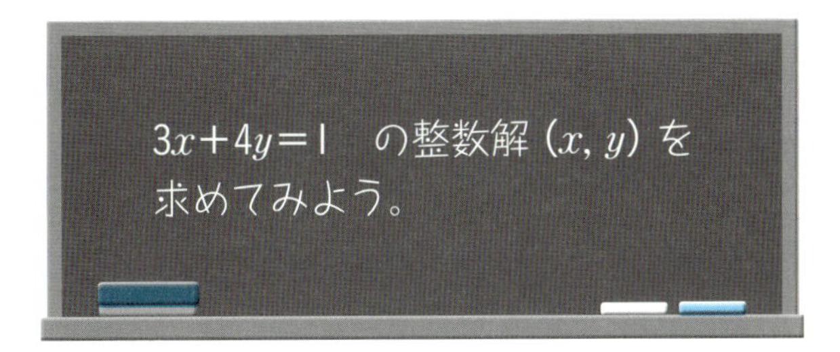

あれっ、解けない……。と思うよね。
上の方程式は、未知数が2つあるから式が2つ。そう、連立方程式になっていないと解けないんだ。でも、整数解と限定されると解を求めることが出来るよ

ただ、２元１次不定方程式といってその解は
１つには特定出来ないけれど解けるよ。
実際に解いてみよう

$3\times(-1)+4\times1=1$ ですから、１つの解は $x=-1$、$y=1$ と自力で求めます。そこで、

$$
\begin{array}{rl}
 & 3x+4y=1 \\
-) & 3\times(-1)+4\times1=1 \\
\hline
 & 3(x+1)+4(y-1)=0 \\
 & 3(x+1)=4(1-y)
\end{array}
$$

ですから、$x+1$ は４の倍数であり、かつ $1-y$ は３の倍数でなければなりません。

４の倍数を $4k$、３の倍数を $3k$ と考えて、$x+1=4k$、$1-y=3k$ より、k は整数として

$$
\begin{cases}
x=4k-1 \\
y=1-3k \quad (k\text{ は整数})
\end{cases}
$$

と解きます。

例えば、

$k=1$ のときは、$x=3$、$y=-2$

$k=-2$ のときは、$x=-9$、$y=7$

というように、解が定まる（１つではない）ことがないため、不定方程式と呼ばれます。

1次合同式で不定方程式を解く

次の不定方程式を考えてみましょう。

$11x+8y=1$ の整数解 (x, y) を求めてみよう。

a, b を整数とするとき、

$ax \equiv b \pmod{m}$

この1次合同式を解くことと $ax+my=b$ を解くことは同値（同じこと）です。

例えば、$11x \equiv 1 \pmod{8}$ は、$11x+8y=1$ を解くことと同じなのです。

なぜかというと、

$11x \div 8 = (-y)$　余りが1

これを95ページにあった除法の定義に書き換えてみると、

$11x = 8(-y)+1$

合同式では、「8で割った余りが1」を $11x \equiv 1 \pmod{8}$ と書けるからです。

次のようにユークリッドの互除法の考えで解くことも出来ます。

解き方その1　$11x+8y=1$ を解く場合は、

まず、11と8でユークリッドの互除法を使います。

$11 \div 8 = 1$　余り3　　　$11 = 8 \cdot 1 + 3$

この式を　$3 = 11 - 8 \cdot 1$　※1

$8 \div 3 = 2$　余り2　　　$8 = 3 \cdot 2 + 2$

この式を　$2 = 8 - 3 \cdot 2$　※2

$3 \div 2 = 1$　余り1　　　$3 = 2 \cdot 1 + 1$

この式を　$1 = 3 - 2 \cdot 1$

とそれぞれ"余り＝"の式にします。そして、最後の式の3と2のところに※1、2を代入すると

$$
\begin{aligned}
1 &= 3 - 2 \cdot 1 \\
&= (11 - 8 \cdot 1) - (8 - 3 \cdot 2) \cdot 1 \\
&= 11 - 8 \cdot 1 - 8 + 3 \cdot 2 \\
&= 11 - 8 \cdot 2 + (11 - 8 \cdot 1) \cdot 2 \\
&= 11 - 8 \cdot 2 + 11 \cdot 2 - 8 \cdot 2 \\
&= 11 \cdot 3 + 8(-4)
\end{aligned}
$$

もう一度3のところに※1を代入

というように、余りの部分を逆順に代入しながら遡(さかのぼ)っていくと問題の式と比較して、1つの解が、$x=3$（$y=-4$）と求めることが出来ます。

解き方その2

さて、また別の解き方です。

$11x \div 8 = (-y)$　余りが1

$11x$は8で割ると、余りが1と考えて……。とここまでは同じ考え方です。

ここで、$x \equiv 0$、1、2、3、4、5、6、7 (mod 8)で調べてみると、$x \equiv 3 \pmod 8$の時のみ、$11x \equiv 33 \equiv 1 \pmod 8$となり、合同式が成り立つことがわかります。したがって、

$x \equiv 3 \pmod 8$

と１つの解が見つかりました。

さて、これからRSA暗号を復号化（解読）していく過程では、

$ax \equiv 1 \pmod m$

という形の１次合同方程式を解いていかなければなりません。

これは m を法とした x の逆元（116ページに記載されています）を求めることです。

例-1　$2x \equiv 1 \pmod 5$ を**解き方その２**で解いてみます。

$x \equiv 0$、1、2、3、$4 \pmod 5$ で調べてみると、

$x \equiv 3 \pmod 5$ の時、成り立ちます。$2x \equiv 6 \equiv 1 \pmod 5$

$x \equiv 3 \pmod 5$ が解となります。

例-2　$12x \equiv 1 \pmod{17}$ を解いてみます。

$x \equiv 0$、1、2、3、4、5、6、7、8、9、10、11、12、13、14、15、$16 \pmod{17}$ で調べます。法数が大きくなると辛いですね。

$x \equiv 10 \pmod{17}$ の時、成り立ちます。

$12x \equiv 120 \equiv 1 \pmod{17}$

$x \equiv 10 \pmod{17}$ が解となります。

数学っていろんな解き方が出来るんだ！

だから面白いんだよ

$ax \equiv 1 \pmod{m}$ という形の1次合同方程式を解いてみましょう。

(1)　$13x \equiv 1 \pmod{11}$

(2)　$64x \equiv 1 \pmod{17}$

解答は p.127

群の話

『数学における群（ぐん、group）とは最も基本的と見なされる代数的構造の一つである。(中略）群の概念は、数学的対象 X から X への自己同型の集まりの満たす性質を代数的に抽象化することによって得られる。(以上 Wikipedia より)』

代数的構造？ 自己同型？ 代数的に抽象化？ Wikipediaさん、ごめんなさい、わかりません。

もう少しわかり易く説明しましょう。

数学における「**群**」（ぐん、group）とは、あるものを2つ合成させて新しい別のあるものを作ることが出来る集まり（数学用語では集合）のことです。

具体的な例で考えてみましょう。

例えば「食べ物」の集合を考えてみます。

この集合には、じゃがいも、玉葱、人参、豚肉といった食材や、塩、コショウ、バジル、シナモン、ナツメグなどのスパイス類、そして肉じゃが、カレーライス、ラーメン等の料理もすべて含まれていると考えてください。これらの集合に含まれる1つ1つのもの（人参とかコショウとか）を数学用語で「**要素**」といいます。

さて、この食べ物という集合の要素の中には、特定の要素2つを組み合わせることで新たな「食べ物」を作り出すことが出来ます。例えば「ハム」と「卵」を組み合わせることで「ハムエッグ」という新たな料理（食べ物）が作れますし、「卵」と「鶏肉」で「親子煮」が作れます。

さらに「水」と「米」で「御飯」が作れ、「親子煮」と「御飯」で「親子丼」が作れます。このように、2つの要素を組み合わせて新しく作った要素に、さらに別の要素を組み合わせて別の「食べ物」を作ることも出来ます。

「群」とは、このように2つの要素を組み合わせてまた別の新たな要素を作ることが出来るような集合のことをいいます。そして、「2つの要素を組み合わせる操作」を演算といい、数学用語では「**二項演算**」といいます。

ただ、上の例のように「食べ物」だと、数学的には厳密さに欠けますし、数学として「群」とみなすことは出来ません。

数学的な群とはどういう種類があるか、またどういう性質があるのでしょう。

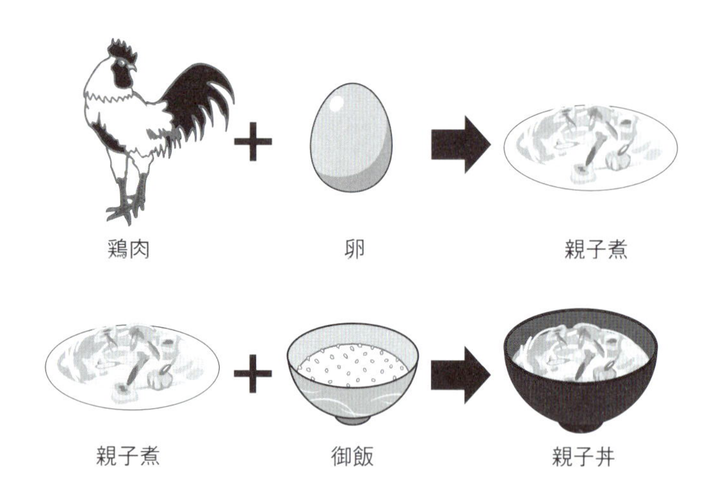

数学における群の例

数学的に群であるとみなされているものをいくつか紹介します。

★加法群―足し算によって出来る群

整数（0と正負の整数のこと）全体の集合$\mathbb{Z}$を考えます。整数同士を組み合わせる操作、二項演算を足し算と考えればこれは群とみなすことが出来ます。

2と3を組み合わせて加えると5になりますね。5は、集合$\mathbb{Z}$の要素です。

「足し算」をもう少しかっこよく言うと「加法」ですので、このような「足し算によって出来る群」のことを、数学用語で「**加法群**」と呼びます。

ただ、整数すべてを対象としてしまうと現実的でないくらい巨大な数字も考えられてしまいますので、扱うことの出来る数値に上限値を設けることがあります。

上限値を設ける場合に問題になるのは、その上限値を超えてしまった場合です。パソコンに計算させる場合、上限値を超えてしまったらエラーとなってしまうので、その時点で処理が停止する、としてもいいですが、「振り出しに戻る」という処理を行うのが一般的です。

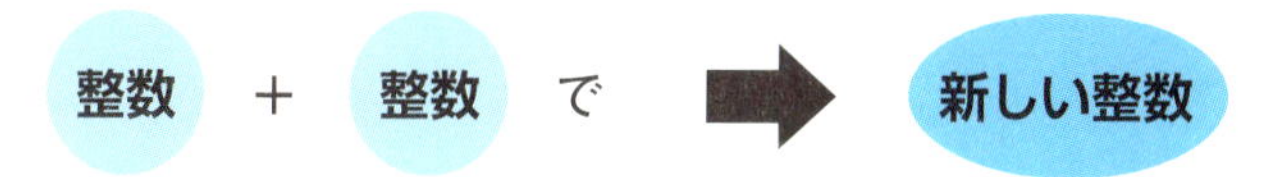

★乗法群―かけ算のなす群

前の例では整数に対して足し算を考えましたが、次にかけ算によって出来る群を考えます。これを「**乗法群**」といいます。

ただ、足し算と違うのは、どのような数字でも0をかけてしまうと0となってしまいますから、かけ算の場合には0だけ非常に特別です。そのため、通常はかけ算のなす群を考える場合には0だけは除いて考えます。

加法群と同じように整数全体の集合ℤを考えます。整数同士を組み合わせかける操作、二項演算をかけ算と考えればこれは群とみなすことが出来ます。
２と３を組み合わせてかけると６になりますね。６も元の集合ℤの要素です。

整数 × 整数 で ➡ 新しい整数

★二次元平面上の移動で出来る群

ゲームなどでは、方向キー（←→↑↓）を使って二次元マップの上を歩けるようになっているものがあります。このとき、例えば①「東に２コマ、北に４コマ進む」とか、②「西に３コマ、南に６コマ進む」のようなマップ上での移動操作（要素）を考えます。そしてこのような移動操作全体の集合を考えると、これは群と考えられます。
なぜかというと、群は「２つの要素を合体させて新しい要素を作れる集合」です。①と②を組み合わせて新しい移動（要素）③を作り出すことが出来るからです。ちなみに、③は「西に１コマ、南に２コマ進む」ことですね。
どのような移動操作（要素）に対しても合体をさせて新しい移動操作（要素）を作り出すことが出来ますので、群の条件を満たしています。
前の加法群と乗法群を比べるとあまりにも数学っぽくない群ではありますが、「二次元マップ上の移動」も数学的にきちんとした群になっているのです。

三次元空間になると、上下左右にもう１つ要素が必要となりますので、二項演算ではありません。

★群を使うメリットとは？

以上のように２つのモノを合体させて新しいモノを作り出せるような集合（群）には様々な種類のものがあることがわかりました。

では、なぜこのように「群」というものをわざわざ定義し、考えようとしているのでしょうか。具体例を通して解き明かしていきましょう。

まず、次の定理をご覧ください。

> **定理１A（加法について）**
> n を正の整数とする。
> 1、2、…、$n-1$ の数字のうち、どの数字を取ってきても、これを n 回足し合わせ、n で割った余りを求めると、これは必ず0になる。

この定理の証明は非常に簡単で、どんな数字も n 回足し合わせれば必ず n の倍数になるため明らかですね。

$n=2$として　$2+2=4$　2の倍数
$n=5$として　$5+5+5+5+5=25$
確かに！

定理１B（乗法について）

n を素数とする。

1、2、…、$n-1$ の数字のうち、どの数字を取ってきても、これを $n-1$ 回かけ合わせ、n で割った余りを求めると、必ず１になる。

これは直感的にはあまり明白ではありませんが、例えば $n=13$（素数）として、2という数字を取ってきます。2を $n-1=12$ 回かけ合わせるということは、2^{12} ですね。

$2^{12}=4096$

$4096\div 13=315$　余り　1

ですから、確かに成り立つことがわかります。

この定理は「フェルマーの小定理」（138ページ）という名前で知られているものです。

さて、定理１Aと定理１Bを見比べていただけると、非常に似通っている文章であることがわかると思います。「正の整数」が「素数」となっていたり、「足し合わせる」ところが「かけ合わせる」となっていたりと、微妙に異なりますが……。

いくら似通っていたとしても、この２つの異なる定理は別々なもの、別々に議論し、別々に証明しなければなりません。

ところが、群の操作とみなすことで、群論の言葉を使って１つの定理にまとめられるのです！

定理（群論）

G を有限群とする。G の任意の元（げん）のうち、どの元を取ってきても、これを群 G の位数（要素の個数）と同じ回数だけある演算をすると、これは必ず単位元になる。

少々難しい言い回しですが、定理１Ａ・１Ｂと見比べてみると何となくこの２つの定理をまとめた形になっているなと思いませんか。

このように、似ているけれど、違う２つの定理を群の考えで統一して書き表すことが出来てしまうのです。

★群の重要な性質

単位元（たんいげん）

今まで「要素」という言葉を用いてきましたが、元も同じ意味だとお考えください。

今まで取り上げた群には、他の元と合体させたとしても、合体相手と全く同じものになってしまうような、特別な元が存在します。

例えば加法群の場合の「０」がそうです。２に０を足しても２のままですし、５に０を足しても５のままです。同じ元になってしまいますね。

乗法群の場合では「１」がそれにあたります。

７に１をかけても７のままですし、12に１をかけても12のままです。

このように、合体相手を変えないような特殊な元のことを「**単位元**」といいます。

なお、二次元マップ上の移動を群と考える場合、単位元にあたるものは「移動なし」例えば「東に0歩、北に0歩進む」という操作になりますね。

逆元（ぎゃくげん）

群にはどれも、どの元を取り出してきても必ずその「逆」とみなせるような元が存在します。

例えば、加法群の場合では、$2+(-2)=0$ なので、2の「逆元」は-2であり、-13の場合は$-13+13=0$より、13が-13の「**逆元**」と考えます。

二次元マップ上の移動を群と考えた場合、例えば「東に2歩、北に3歩」の場合は、「西に2歩、南に3歩」進むと元の場所に戻ります。同じように考えて、「西に4歩、南に1歩」の逆は「東に4歩、北に1歩」が「逆元」といえます。

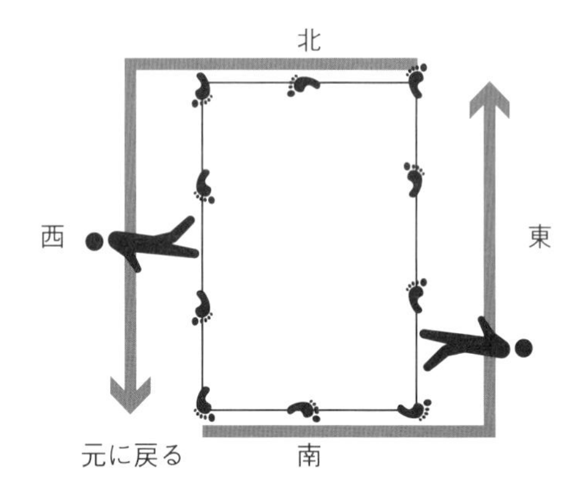

このように、正確には合体させると単位元になる要素のことを数学用語で「逆元」といいます。

では乗法群の場合はどうでしょうか。例えば2の逆元は何でしょうか？

$\frac{1}{2}$？ 整数の元ではないのでダメですね。0をかけると$2\times0=0$と0になり、もとには戻りません。

そもそも乗法群の仲間には0は含めないのでダメです。

実は、かけ算のなす群の場合には上限値を決めないと逆元は存在しません。いま、この上限値を7であるとしましょう。すると、2×4は7を法（7で割った余り、mod 7のこと）として1と合同となるため2の逆元を4としましょう。

$$8\equiv1 \pmod 7$$

他の数に対しても同様に「結果が7を法として1と合同になるもの」を見つけることが出来ます。

このように乗法群では、上限値(mod M)を決めて、その結果が単位元"1"と合同になるものを逆元と呼ぶことにしています。

RSA暗号で、$ax\equiv1 \pmod m$という形の1次合同方程式（107ページ）を解くことは、群の考えでの逆元を求めていたことと同じだったんだ

コラム

天才数学者ガロアの生涯

エヴァリスト・ガロア

ガロア（1811－1832年）は数学者として10代のうちにガロア理論を構成する群論の研究を行った天才的な数学者です。

ガロアはそのガロア理論を用いて、アーベルによる「5次以上の方程式には解の公式は存在しない」という定理「アーベル－ルフィニの定理」の証明を簡素化し、一般にどんな場合に与えられた方程式が代数学的な解の表示を持つかについての特徴付けを与えます。

群論は数学でも重要な分野ですが、数学以外でも物理の世界では相対性理論や量子力学などを厳密に記述するツールとして用いられています。

また理論計算機科学においては、ガロア体 F_2 は最も多用されるツールのひとつです。

ガロアは1811年、パリ郊外の町に生まれます。父ニコラ・ガブリエル・ガロアは当時公立学校の校長で、のちに町長に任命された人格者で、母アデライド・マリ・ドマントも教養の深い人物です。

12歳の時、パリの名門である寄宿制のリセ・ルイ・ルグランに入学します。

ガロアが入学した当時、ルグランの校長先生は保守的・宗教的であり、ガロアを含め生徒達は校長にしばしば反抗的でした。このような校内の雰囲気が、ガロアの性格や思想に影響を与えたようです。学業においては入学した翌年ではラテン語の優秀賞やギリシア語の最優秀賞を受けるなど良好でしたが、第2学年になると学業をおろそかにするようになり、留年してしまいます。

その時、ガロアは当時重要視されていなかった数学の授業に出席し、開花します。ガロアの学友によれば、ルジャンドルが著した初等幾何学の教科書を読み始めたところ、2年間の教材を2日間で読み解いてしまったそうです。

しかし、一向に自分の数学的才能に目を向けてくれない当時の数学界に辟易したのでしょう。そして、失望し政治活動に傾倒していきます。

そのこともあり、政治犯として逮捕されてしまいます。

その後刑務所において、体調を崩したこともあって仮出所し療養所に移ります。

そこで好きな女性に出会うのですが、その女性のことで決闘を申し込まれます。その結果、ガロアは決闘で負った傷が悪化し亡くなります。天才数学者ガロアわずか20年の生涯です。

群の定義

群の厳密な定義は以下の通りです。これから、数学を本格的に勉強しようと考えている人は読んでくださいね。

「ある集合Gが群である」とは、G内の二つの元（x, yとおく）を組み合わせて新しい元（zとおく）を作る演算（加法や乗法）が定義されていて、さらにその操作について次の性質が成り立つことをいう。
（注）演算はいろいろ考えられるので、「・」としています。

◎結合法則

Gのどの三つの元（x, y, zとおく）に対しても、演算を行う順序を変えても結果が同じになる

$$(x \cdot y) \cdot z = x \cdot (y \cdot z)$$

◎単位元（e）の存在

特別な元eが存在し、Gのどの元（xとおく）に対しても$x \cdot e = x$かつ$e \cdot x = x$が成り立つ

◎逆元の存在

Gのどの元（xとおく）を取ってきても、ある元yに対して$x \cdot y$または$y \cdot x$が単位元になるような逆元yが存在する

さて、合同式での逆元についてだけ注目して考えていこうか。
なぜって、RSA暗号では逆元の考えを用いて合同方程式を解かなくてはならなかったと前に話したよね。

例えば、$5x \equiv 1 \pmod{13}$となるxを求めてみましょう。

$5x$、すなわちかけ算した結果が13を法として1（13で割ったら余りが1）と合同になるものを見つけます。すなわち、逆元xを求めます。13を法、上限値をmod 13としているのですね。この場合の逆元xは8です。

$5 \times 8 = 40 = 13 \times 3 + 1 \equiv 1 \pmod{13}$となるからです。

これは、$5x - 13q = 1$となる整数q, xを一組求めれば、そこから逆元は求められます。

なぜかというと、$5x$を13で割ると1余る。すなわち、$5x \div 13 = \square$　余り1　を　$5x = 13\square + 1$の$\square$をqにすれば良いのです。

あれ……？　どこかで見たことのある式だ

ユークリッドの互除法だ！

その通り！

13と5に対し互除法を実行してみると……、
13÷5=2　余り3　13=5×2+3
5÷3=1　余り2　5=3×1+2
3÷2=1　余り1　3=2×1+1
2÷1=2　割り切れた

上の式を除法の原理で書き換えてみるよ

106ページにあるように……“余り=”の形に書き換えるということですね。
13−5×2=3　…①
5−3×1=2　…②
3−$\underline{\underline{2}}$×1=1
となって……。最後の$\underline{\underline{2}}$に上の②式を代入でしたね。
3−(5−3×1)×1=$\underline{\underline{3}}$×2+5×(−1)=1
さらに、$\underline{\underline{3}}$のところに上の①式を代入してと……。
　(13−5×2)×2+5×(−1)
=13×2−5×4+5×(−1)
=5×(−5)+13×2=1
と、書き換えられた。
あれ、これって$5x+13q=1$という問題の式ですね？

そう！ だから、$5\times(-5)\equiv 1 \pmod{13}$
したがって“$x=-5+13n$”の形をしたものはすべて $5x\equiv 1 \pmod{13}$ を満たす。
$n=1$ とすれば逆元8が求められたね。

1題、皆さんも計算練習してみましょう。

31を法とする12の逆元は？

解答は p.127

知っている方もいるかもしれませんが……。

何と、Excel には最大公約数を求める関数が用意されています。

操作方法をご紹介しましょう。

セル A1 とセル B1 に入力された数値の最大公約数をセル C1 に表示させる場合は、

「＝GCD (A1:B1)」または

「＝GCD (A1, B1)」という数式を C1 のセルに入力します。

GCD 関数というのは、最大公約数を求める関数です。これを使えば簡単に最大公約数を求めることが出来ますね。「GCD」は、「Greatest Common Divisor（最大公約数）」の頭文字からとっています。

では、RSA 暗号化だけに限って、もう1度おさらいをしてみます。

合同式の計算方法を知っていれば、前の章で計算した暗号化で“81”を暗号化してみましょう。

$81^3 \div 55$ を計算した余りを暗号としましたね。

これは $81^3 \pmod{55}$ のことですね。

公開鍵は、$(e, n) = (3, 55)$ ということです。

$81^3 \div 55 = 531441 \div 55 = 9662$　余り31 これは大変な計算ではないでしょう。

暗号は、31です。

さて、「土門」をRSA暗号で暗号化する場合は、まずアルファベットにした後に数に変換しましょう。

アルファベットでDOMONをアトバシュ式暗号で数字化して公開鍵を $(e, n) = (3, 55)$ とすれば、

DOMON⇒23-12-14-12-13

と1文字ずつ数字化してから暗号化しましょう。

$23 \Rightarrow 23^3 \div 55 = 12167 \div 55 = 221$　余り12

$12 \Rightarrow 12^3 \div 55 = 1728 \div 55 = 31$　余り23

$14 \Rightarrow 14^3 \div 55 = 2744 \div 55 = 49$　余り49

12は同じで23

$13 \Rightarrow 13^3 \div 55 = 2197 \div 55 = 39$　余り52

DOMON⇒23-12-14-12-13⇒12-23-49-23-52

1223492352

と暗号化出来ました。

ポリュビオス式暗号で、DOMONを数字化すると以下のようになります。

DOMON ⇒14-34-32-34-33

皆さんもポリュビオス式暗号で数字化した DOMON を RSA 暗号化してみましょう。公開鍵は、$(e, n)=(3, 55)$ です。

解答は p.128

皆さんも、公開鍵を $(e, n)=(3, 55)$ として、誕生日（○月26日ならば“26”）を暗号化してみましょう。

さて80ページの LINE メールなどを暗号化するにはどうしたら良いのでしょう。

例えばこんな方法が考えられます。

関根先生が「Love」と送信したいときに、本書初めに土門君がしたように Love を下の表のようにそれぞれ数字に変換します。

文字	A	B	C	D	E	F	G	H	I	J	K	L	M	N	O	P	Q	R	S	T	U	V	W	X	Y	Z
番号	26	25	24	23	22	21	20	19	18	17	16	15	14	13	12	11	10	9	8	7	6	5	4	3	2	1

公開鍵は $(e, n)=(3, 55)$ としましょう。

L（15） ⟶ $15^3 \div 55 = 3375 \div 55 = 61$ 余り 20 ⇒ 20

o（12） ⟶ $12^3 \div 55 = 1728 \div 55 = 31$ 余り 23 ⇒ 23

v（5） ⟶ $5^3 \div 55 = 125 \div 55 = 2$ 余り 15 ⇒ 15

e（22） ⟶ $22^3 \div 55 = 10648 \div 55 = 193$ 余り 33 ⇒ 33

20-23-15-33と暗号化して、送信します。

関根先生が、誰に送信するか…興味ありませんよね（笑）。

やってみよう① (p.96) の解答

1. $100=23\times4+8$
2. $-16=5\times(-4)+4$
3. $3=7\times0+3$
4. $2=5\times0+2$

やってみよう② (p.100) の解答

① 8^{100} を 7 で割った余りを求めよ。

$8\equiv1 \pmod 7$ より、両辺を100乗して

$8^{100}\equiv1^{100} \pmod 7$

$\equiv1 \pmod 7$

8^{100} を 7 で割った余りは、 1

② 13^{100} を 6 で割った余りを求めよ。

$13\equiv1 \pmod 6$ より、両辺を100乗して

$13^{100}\equiv1^{100} \pmod 6$

$\equiv1 \pmod 6$

13^{100} を 6 で割った余りも、 1

やってみよう③ (p.102) の解答

(1) $4x\equiv5 \pmod 3$

$x=2$ の時のみ成り立つ。$4x\equiv8$ よって、$x\equiv2$

(2) $5x\equiv3 \pmod 4$

$x=3$ の時のみ成り立つ。$5x\equiv15$ よって、$x\equiv3$

やってみよう④（p.108）の解答

(1)　$13x \equiv 1 \pmod{11}$

$x \equiv 6 \pmod{11}$の時、成り立ちます。

$13x \equiv 78 \equiv 1 \pmod{11}$

$x \equiv 6 \pmod{11}$が解となります。

(2)　$64x \equiv 1 \pmod{17}$

$x \equiv 4 \pmod{17}$の時、成り立ちます。

$64x \equiv 256 \equiv 1 \pmod{17}$

$x \equiv 4 \pmod{17}$が解となります。

※「あまり電卓」という無料アプリがありますよ～！　検索してみてください。筆者も今、それと普通の電卓の2台を使って計算しています（汗）。

やってみよう⑤（p.123）の解答

ユークリッドの互除法で、

$31=12\times2+7$

$12=7\times1+5$

$7=5\times1+2$

$5=2\times2+1$

すなわち

$7=31-12\times2$

$5=12-7\times1$

$2=7-5\times1$

$1=5-2\times2$　を代入して

$5=12-(31-12\times2)=31\times(-1)+12\times3$

$2=(31-12\times2)-\{31\times(-1)+12\times3\}\times1$

$\quad=31\times2+12\times(-5)$

$1=\{31\times(-1)+12\times3\}-\{31\times2+12\times(-5)\}\times2$

$\quad=31\times(-5)+12\times13$

したがって$12\times13\equiv1\pmod{31}$すなわち逆元は13となります。

やってみよう⑥（p.125）の解答

$14\Rightarrow14^3\div55=2744\div55=49$ 余り49

$34\Rightarrow34^3\div55=39304\div55=714$ 余り34

$32\Rightarrow32^3\div55=32768\div55=595$ 余り43

34は同じで34

$33\Rightarrow33^3\div55=35937\div55=653$ 余り22

DOMON⇒14-34-32-34-33⇒49-34-43-34-22

4934433422

と暗号化出来ました。

第7章
RSA暗号を解読してみよう（復号化）
―「ふみ」を暗号化、そして小熊先生の恋の行方は

暗号化のおさらい

数学クラブには活動中に悩める大人が時々訪れるようです…。

先生、今日は母が一緒にお話を伺いたいと……

先生、いつも息子がお世話になっています

こちらこそ、ご苦労様です。
今回は、いろいろと大変でしたね

はい、私は数学が苦手なのですけれど、息子から暗号のことを聞いて、一度直接先生からお話をと思いまして

新しいIDとかパスワードはどう決めましたか？

はい、先生だからお教えしますけれど、息子にお話しいただいた“素因数分解の暗号”からヒントをいただいて……、
IDは943、パスワードは1387にしました

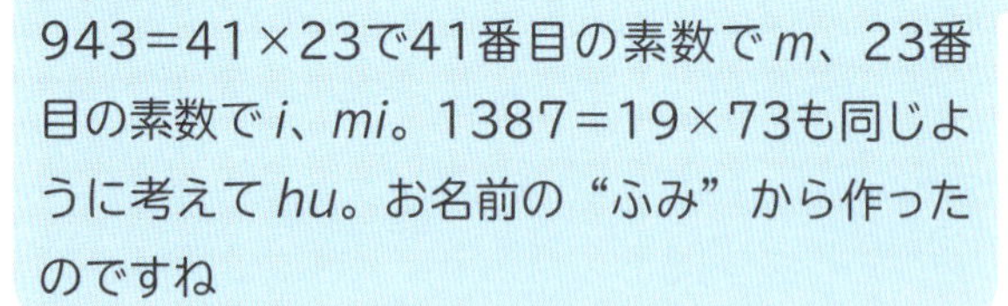

ほぉ……
943＝41×23で41番目の素数で *m*、23番目の素数で *i*、*mi*。1387＝19×73も同じように考えて *hu*。お名前の“ふみ”から作ったのですね

どうして、そんなすぐにわかってしまうのですか？

素数好きにとっては、簡単な暗号ですよ

先生、もっと解読されにくい暗号を私にも教えてください。ただ……、わかりやすく

暗号化する計算も大変でしたが、それを復号化するには、さらに大変な計算が必要です。ただ、そのアルゴリズムはいたって簡単、シンプルなんです

それでは、暗号化のおさらいをしましょう。

送信するメッセージを数字化します。方法は、今までいくつか暗号の紹介をしたように数字化の方法はいろいろ考えられますね。

まず、アルファベット26文字を a＝1、b＝2、c＝3、d＝4、…、z＝26 としましょう。

Oct（October：10月）という文字列を数字に置き換えていくと o→15、c→3、t→20となります。

暗号化の復習です。

Oct を上のように数字に変換した後、15-3-20として暗号化します。

$$15 \Rightarrow 15^3 \div 55 = 3375 \div 55 = 61 \quad \text{余り}\ \mathbf{20}$$

$$3 \Rightarrow 3^3 \div 55 = 27 \div 55 = 0 \quad \text{余り}\ \mathbf{27}$$

$$20 \Rightarrow 20^3 \div 55 = 8000 \div 55 = 145 \quad \text{余り}\ \mathbf{25}$$

『20-27-25』と暗号化出来ました。

「抜き打ちテストは、“20-27-25”（10月）に決行する！」なんて（笑）

ええ〜

暗号が解けたらテスト日がわかるよね。ヒヒヒ…

ここでは、暗号化するコツを紹介するために小さい数で解説してみました。

ふみさん、「F・U・M・I」としてRSA暗号化で暗号化してみましょう。

公開鍵は、同じ $(e,\ n)=(3,\ 55)$ とします。

F ⇒6, U ⇒21, M ⇒13, I ⇒9 だから、

$6 \Rightarrow 6^3 \div 55 = 216 \div 55 = 3$　余り 51

$21 \Rightarrow 21^3 \div 55 = 9261 \div 55 = 168$　余り 21

$13 \Rightarrow 13^3 \div 55 = 2197 \div 55 = 39$　余り 52

$9 \Rightarrow 9^3 \div 55 = 729 \div 55 = 13$　余り 14

「51-21-52-14」と暗号化出来ました。

このまま8桁でもいいけれど、例えばIDを5121、パスワードを5214としても使えますよ

なるほど先生、ありがとうございました

公開鍵を $(e,\ n)=(3,\ 55)$ として、

12月（December）、Dec の D⇒4、e⇒5、c⇒3 を暗号化してみよう。

解答は p.146

プロポーズの返事は？

ある日の放課後の数学クラブ、東君と土門君、そして関根先生が暗号の話をしていると、小熊先生がやって来た。

関根先生、少しよろしいですか？

どうしました？

小熊先生は、その名前に似合わず大柄な体育の先生。いつもは大声で授業をしているのに、今日はやけに声が小さい。

いやぁ……、ちょっとお知恵をお借りしたくて

僕達は席を外しますか？

いや、大丈夫。一緒に聞いてくれ。実は、今お付き合いをしている女性がいて、先日プロポーズをしたんだ

おお、それはそれは！

喜んでばかりはいられなくて……。彼女は数学好きで、プロポーズの返事がこれなんです

と小熊先生が広げてたメモには、

と数字が並んでいる。

……。先生、暗号です！

それも今まで何度も出てきた3と55。
公開鍵ではないでしょうか

そうだね、それもRSA暗号かもしれない

さて、いよいよ復号化だよ。
まず、公開鍵の（e, n）の $n=pq$ から、
（$p-1$）と（$q-1$）を求め、（$p-1$）と（$q-1$）の最小公倍数 L を計算する。
$ed \equiv 1 \pmod{L}$ となる d を求める。
この d と n が秘密鍵（d, n）となるね。
d が復号するためには必要な秘密鍵なんだ。
まとめておこうか

【公開鍵 (e, n) から秘密鍵 (d, n) の作り方】

2つの素数 p, q を選びます。

1. 係数 n は、$n=pq$ と決めます。
2. e（公開指数）を選択します。
   一般的に e は大きな数が使われることが多いです。
   この公開指数 e と係数 n が公開鍵 (e, n) となります。
3. $(p-1)$ と $(q-1)$ を求め、$(p-1)$ と $(q-1)$ の最小公倍数 L を計算します。
   $ed \equiv 1 \pmod{L}$ となる d（秘密鍵）を求めます。
   この秘密鍵 d と係数 n が秘密鍵 (d, n) となります。

たびたび出てきた公開鍵（3, 55）を例に、
秘密鍵を作ってみよう

$n=55=5\times 11$ ですから、$5-1=4$、$11-1=10$

4と10の最小公倍数 L を求めてみよう。

$$\begin{array}{r|rr} 2 & 4 & 10 \\ \hline & 2 & 5 \end{array}$$

なので、$L=20$ だね

$3d\equiv 1 \pmod{20}$ となる d を求めましょう。

ここでは、$d=7$ のときにこの合同式は成り立ちますね。

$3\times 7=21$　$21\equiv 1 \pmod{20}$

秘密鍵は、(7, 55) ということですね

そう、そして送られてきた暗号を……

(数字化された暗号)$^d\div n$ と計算し余りを求めるよ。すなわち、

(数字化された暗号)$^d\equiv X \pmod{n}$

この X が平文（元の文）だね。

3, 55, 5, 15, 39

公開鍵を (3, 55) として (5, 15, 39) を復号化だ。

上にあるように、秘密鍵は (7, 55) だね

5, 15, 39を復号だ！

まず、$5^7\equiv X \pmod{55}$ となる X を求めてみようか

$5^2 \equiv 25 \pmod{55}$ から、両辺を２乗して、

$5^4 \equiv 25^2 \equiv 625 \equiv 20 \pmod{55}$

$5^7 \equiv 5 \times 5^2 \times 5^4$

$\equiv 5 \times 25 \times 20$

$\equiv 2500$

$\equiv 25 \pmod{55}$ と「5」の復号化成功！

次に、$15^7 \equiv X \pmod{55}$ となる X を求めてみるよ。

$15^2 \equiv 225 \equiv 5 \pmod{55}$

から、両辺を２乗して、

$15^4 \equiv 5^2 \equiv 25 \pmod{55}$

さらに15^2をかけて、

$15^6 \equiv 15^2 \times 15^4 \equiv 5 \times 25 \equiv 15 \pmod{55}$

$15^7 \equiv 15 \times 15^6 \equiv 15 \times 15 \equiv 225 \equiv 5$

$\pmod{55}$ と「15」の復号化成功！

5⇒25、15⇒5　と復号化出来ました！

さあ、皆さんも最後の「39」を復号化してみましょう。そして、小熊先生のプロポーズの返事が何だったのかを考えてみてください。

どきどき…

コラム

フェルマーの小定理

350年前に発見された次の定理をフェルマー(1601－1665年)の小定理と呼んでいます。

a、p が互いに素である自然数とするとき
$a^{p-1}-1$ は、p の倍数となる（p で割った余りは1）
言い換えれば

$a^{p-1}\equiv 1 \pmod p$ が成立する。

[証明]

$a^p \equiv a \pmod p$ を数学的帰納法により示します。
$a=1$ のときは、$a^p \equiv a \pmod p$ は明らかです。
$a=m$ のとき成り立つと仮定すれば、

$$m^p = m \pmod p \quad \cdots※$$

$a=m+1$ のとき、

$$(m+1)^p \equiv m^p + \sum_{k=1}^{p-1} {}_pC_k m^k + 1 = m^p + 1 \pmod p$$

☜二項定理(p.142コラム参照)で展開しています。

ここで、${}_pC_k = \dfrac{p(p-1)(p-2)\ldots(p-k-1)}{k!}$ ですから、p の倍数であることは明らかです。

${}_pC_k \equiv 0 \pmod p$ から $(m+1)^p \equiv m^p + 1$
　※より $m^p = m$ なので
$(m+1)^p \equiv m^p + 1 \equiv m + 1 \pmod p$ と証明された。

この小定理は、素晴らしく威力のある定理です。
次にその使い方を紹介しましょう。

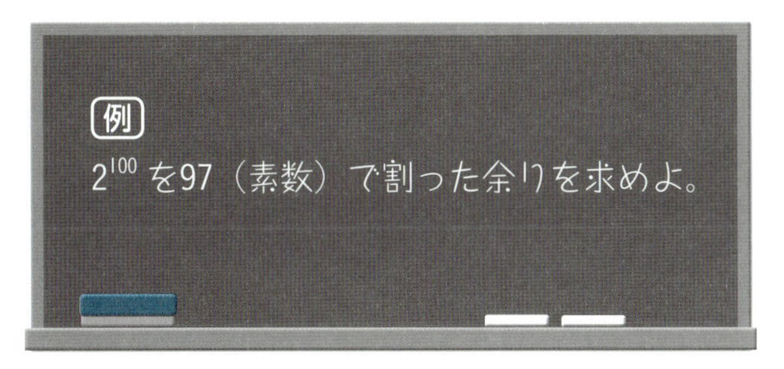

もちろん、実際に計算はしません。
$p=97$とすれば、フェルマーの小定理から

$$2^{97-1}\equiv 1 \pmod{97}$$
$$2^{96}\equiv 1 \pmod{97}$$
$$\begin{aligned}2^{100}&\equiv 2^{96}\times 2^{4}\\&\equiv 1\times 2^{4}\\&\equiv 2^{4}\equiv 16 \pmod{97}\end{aligned}$$

余りは、16とたちどころに求められます。

次の余りを求めよう。
(1) 7^{100}を11で割った余りを求めなさい。
(2) 5^{100}を23で割った余りを求めなさい。

解答は p.147

このフェルマーの小定理を使った問題も過去の入学試験問題に出題されています。下の問題は、1995年京都大学後期日程で出題され、受験生が騒然となった伝説ともいえる問題です。

自然数 n の関数 $f(n)$、$g(n)$ を

$f(n)=n$ を 7 で割った余り、

$$g(n)=3f\left(\sum_{k=1}^{7} k^n\right)$$

によって定める。

(1) すべての自然数 n に対して $f(n^7)=f(n)$ を示せ。

(2) あなたの好きな自然数 n を一つ決めて $g(n)$ を求めよ。

その $g(n)$ の値をこの設問(2)におけるあなたの得点とする。

［1995京都大　後期30点］

何が騒然とさせたのか、何といっても「**求めた $g(n)$ がこの設問におけるあなたの得点**」という問題文です。受験生は「自分の得点を自分で決められる……。やった！」と思ったことでしょう。しかし、問題を解いていくと衝撃的なからくりが待ち受けています。

まず、(1)です。この問題は、n^7-n が7の倍数であることを示せば良いのです。

$$n \equiv 0,\ \pm1,\ \pm2,\ \pm3 \text{ のとき、} n^7-n \equiv 0 \pmod 7$$

$$\therefore\quad f(n^7)=f(n)$$

そして騒然となった問題の(2)です。

$$f\left(\sum_{k=1}^{7} k^n\right)=(1^n+2^n+3^n+4^n+5^n+6^n+7^n)$$

を7で割った余りのことですね。

7^n は7で割ると余りが0ですから無視して、

$$g(n)=3(1^n+2^n+3^n+4^n+5^n+6^n)$$

を7で割った余りのことです。

そこで受験生は……、

$$g(1)=3(1^1+2^1+3^1+4^1+5^1+6^1)=3\times f(21)=3\times 0$$

……あれ、0

$$g(2)=3(1^2+2^2+3^2+4^2+5^2+6^2)=3\times f(91)=3\times 0$$

……あれ、0

$$g(3)=3(1^3+2^3+3^3+4^3+5^3+6^3)=3\times f(441)=3\times 0$$

……あれ、0

「そんなバカな!! 0点だ」

と慌てたことでしょう。実は、(1)より $n^7\equiv n \pmod 7$ なので、$1^7+2^7+3^7+4^7+5^7+6^7$ の余りは、$1^1+2^1+3^1+4^1+5^1+6^1$ に

等しく、また、$1^8+2^8+3^8+4^8+5^8+6^8$ の余りは、
$1^2+2^2+3^2+4^2+5^2+6^2$ に等しいということがわかります。

すなわち、$n=4$、5、6 の場合だけを調べればよかったのです。

正解は、

$$g(6)=3(1^6+2^6+3^6+4^6+5^6+6^6)$$
$$=3\times f(67171)=3\times 6=18。$$

正解者は、全員18点もらえたのでした。

二項定理

$(a+b)^4$とは、$(a+b)$を4回かけ合わせたものです。式にすると$(a+b)(a+b)(a+b)(a+b)$ですが、これを順繰りにかけて展開するのは大変ですね。

そこで、簡単に展開出来る公式『二項定理』というのがあります。

まず、$(a+b)(a+b)(a+b)(a+b)$の中からaを何回、bを何回選んでかけ合わせるか？ ということです。ただし、4回かけるので、aとbの数は合わせて4個までということです。

aを4つ選べば、a^4
aを3つ、bを1つ選べば、a^3b
aを2つ、bを2つ選べば、a^2b^2
aを1つ、bを3つ選べば、ab^3
bを4つ選べば、b^4

と５つの項が出来上がります。次に、それぞれの項がいくつずつあるのかを考えてみます。

まずは $(a+b)^4$を展開したとき a^4は、４つのすべての $(a+b)$ の中から a を取り出したときのみですね。ですから、１個です。

a^2b^2 は、a を２つ、b を２つ選んでかけています（下の表参照）。

	a+bから	a+bから	a+bから	a+bから	かけると
①	a を選ぶ	a を選ぶ	b を選ぶ	b を選ぶ	a^2b^2
②	a を選ぶ	b を選ぶ	a を選ぶ	b を選ぶ	a^2b^2
③	a を選ぶ	b を選ぶ	b を選ぶ	a を選ぶ	a^2b^2
④	b を選ぶ	a を選ぶ	a を選ぶ	b を選ぶ	a^2b^2
⑤	b を選ぶ	a を選ぶ	b を選ぶ	a を選ぶ	a^2b^2
⑥	b を選ぶ	b を選ぶ	a を選ぶ	a を選ぶ	a^2b^2

選び方は、①から⑥までの６通りあるので、$6a^2b^2$

同じように他の項も考えていくと、a^3b は４個、ab^3 も４個、b^4 は１個出来ます。

一般に、「組み合わせの数＝係数」だということがいえて、

$$(a+b)^n={}_nC_0a^n+{}_nC_1a^{n-1}b+{}_nC_2a^{n-2}b^2+\cdots$$
$$+{}_nC_ra^{n-r}b^r+\cdots+{}_nC_{n-1}ab^{n-1}+{}_nC_nb^n$$

となります。これを二項定理と呼んでいます。

音声データは安全？

電話などの通話や音声データの送受信は安全なのでしょうか。

M社が提供するインターネット電話サービスのSを例に簡単に説明しましょう。Sは高音質の安定した通話を実現出来るインターネットサービスです。一般の電話との相互通話を実現する機能や、ビデオ通話機能も備えています。

また、最大25人までのユーザでグループ通話を行うことも可能な無料ソフトです。

携帯電話や固定電話と通話する場合、通話の一部が通常の電話回線上で伝送され、その部分は暗号化されていませんが、利用者同士の音声通話、ビデオ通話、ファイル転送、インスタントメッセージなどの会話はすべて暗号化されています。これにより、悪質なユーザによる盗聴の可能性から会話を保護しています。

例えば、Sのユーザ2人と通常の電話回線のユーザ1人、合計3人でグループ通話をする場合、S同士の部分は暗号化されますが通常の電話回線のユーザ部分は暗号化されません。

インスタントメッセージの場合、クライアントとクラウドのチャットサービスの間のメッセージを暗号化するにはTLS（Transport-Level Security）を使用し、2つの利用者間で直接送信される場合はAES（Advanced Encryption Standard）を使用します。ほとんどのメッセージは両方の方法で送信されますが、将来的に、ユーザエクスペリエンスを最適化するためにクラウド経由のみで送信されます。

音声メッセージは配信されたときには暗号化されていますが、音声メッセージを聞くと、そのメッセージはサーバからユーザのローカルコンピュータに転送され、ローカルコンピュータ上では暗号化されていないファイルとして保存されます。

M社が採用しているAES(Advanced Encryption Standard)、別名「Rijndael」と呼ばれる暗号規格は、米国政府が機密情報を保護するのに使用している暗号規格で、常に強固な256ビットの暗号を使用しています。ユーザの公開鍵は、ログイン時に1536または2048ビットのRSA認証を使ってサーバによって認証されます。

ここにもRSA暗号が使われているのですね。

さて、小熊先生のプロポーズの返事です。

$39^7 \equiv X \pmod{55}$の復号です。

$$39^2 \equiv 1521 \equiv 36 \pmod{55}$$

この式の両辺を2乗して、

$$39^4 \equiv 36^2 \equiv 1296 \equiv 31 \pmod{55}$$

$$39^6 \equiv 39^2 \times 39^4 \equiv 36 \times 31 \equiv 1116 \equiv 16 \pmod{55}$$

$$39^7 \equiv 39 \times 39^6 \equiv 39 \times 16 \equiv 624 \equiv 19 \pmod{55}$$

と「39」の復号化成功！

「5, 15, 39」の平文は「25, 5, 19」でした。

アルファベットで、25番目は“Y”。5番目は“E”。19番目は“S”。

そう、プロポーズの返事は、“YES”だったのです。

小熊先生、良かったですね！

やってみよう⑦（p.132）の解答

$4 \Rightarrow 4^3 \div 55 = 64 \div 55 = 1$　余り 9

$5 \Rightarrow 5^3 \div 55 = 125 \div 55 = 2$　余り15

$3 \Rightarrow 3^3 \div 55 = 27 \div 55 = 0$　余り55

『9-15-55』と暗号化出来ました。

やってみよう⑧（p.139）の解答

(1) 7^{100} を11で割った余りを求めなさい。

フェルマーの小定理で、$p=11$ とすれば、

$7^{11-1}\equiv 1 \pmod{11}$

よって、

$7^{10}\equiv 1 \pmod{11}$　両辺を2乗すると

$7^{100}\equiv 1 \pmod{11}$　7^{100} を11で割った余りは、1

(2) 5^{100} を23で割った余りを求めなさい。

フェルマーの小定理で、$p=23$ とすれば、フェルマーの小定理から

$5^{23-1}\equiv 1 \pmod{23}$

よって、$5^{22}\equiv 1 \pmod{23}$

$5^{100}=5^{22}\times 5^{22}\times 5^{22}\times 5^{22}\times 5^{12}$ と書ける。

ここで、$5^{2}\equiv 25\equiv 2 \pmod{23}$ なので、

$5^{12}\equiv (5^{2})^{6} \pmod{23}$

$\equiv 2^{6} \pmod{23}$

$\equiv 64\equiv 18 \pmod{23}$

$5^{100}\equiv 5^{22}\times 5^{22}\times 5^{22}\times 5^{22}\times 5^{12} \pmod{23}$

$\equiv 1\times 1\times 1\times 1\times 18$

$\equiv 18$

5^{100} を23で割った余りは、18

第8章
最終問題

さて、Octを前のように、15-3-20という数字に変換した後、RSA暗号で送信する際に、公開鍵を$(e, n)=(3, 55)$として、1つ1つ計算するのは面倒ですね。

15320をいっぺんに暗号化しましょう。ただし復号の時に公開鍵の“55”で割るという計算がありますね。

55で割った余りは55より小さい数になってしまうため、公開鍵nは、15320より大きな数にしなければ、15320に戻せません。実際、公開鍵を$(e, n)=(21649, 5132239)$のような大きな数$(5132239=7\times733177)$にしなければ解読出来ないということです。

実際のRSA暗号では公開鍵に使用される数値がもっともっと大きく、暗号化するにも復号化するにも筆算（手計算）では大変な時間を要します。このことが、暗号たる所以です。そのため、復号化を簡単に計算するには、「繰り返し二乗法」と「オイラーの計算法則（定理）」の2つのアイテムが必要不可欠です。それを説明していきましょう。

繰り返し二乗法

前出の小熊先生の暗号を復号した時にも使っていますが、繰り返し二乗法は、6^{12}のような計算を効率的に計算する方法です。そのままかけ算するとなると、やや腰が引けてしまいますよね。

基本的な考えとして、次のようにするとかけ算の回数を減らすことが出来ます。

$6^{12}=6\times6\times6\times6\times6\times6\times6\times6\times6\times6\times6\times6$ ですが……

まず、

$6^2=6\times6=36$

と計算します。次に、

$6^4=36\times36=1296$

さらに、

$6^8=1296\times1296=1679616$

$6^{12}=6^4\times6^8=1296\times1679616=2176782336$

同じように見えるでしょうが、かけ算を4回だけしかしていないことが重要です。普通でしたら、6×6 を11回するところを4回ですんでいる、コンピュータで計算させるときは回数が少ないほど短時間で計算結果が出ますね。

6^{100} は何回のかけ算で求められるのでしょう？ 6^2、6^4、6^8、6^{16}、6^{32}、6^{64} と計算し、最後に、$6^4\times6^{32}\times6^{64}$ で 6^{100} が求められます。そう、8回のかけ算です。この方法を「**繰り返し二乗法**」といいます。

オイラーの定理

レオンハルト・オイラー（1707―1783年）は18世紀の天才数学者です。数学のみならず、物理学の分野でも活躍をしました。また、オイラーはとても多くの論文を書いた数学者で、彼の論文全集は1911年から刊行され続けていて、

100年以上たった今日でも未だに完結していないそうです。

1760年オイラーはフェルマーの小定理（138ページ）の研究の中で、一般化した定理を発表します。オイラー定理とそこで使われる**オイラー関数**「$\varphi(n)$」（φ はファイと読みます）は初等整数論においてはとても重要なもので、いろいろなところで使われています。

まず、オイラー関数 $\varphi(n)$ について説明をしていきましょう。

オイラー関数 $\varphi(n)$ とは、1から n 以下の自然数のうち n と"互いに素"（1以外に公約数がない関係）なものの**個数**のことです。

例えば、$\varphi(6)$ とは、6以下の自然数で、6と互いに素である数の個数ですから、1, 2, 3, 4, 5, 6 のうち6と互いに素なのは1, 5 の2個ですから、$\varphi(6)=2$ です。6と6は、1と6が公約数なので、互いに素ではありません。

レオンハルト・オイラー

また、$\varphi(7)$ とは、7以下の自然数で7と互いに素なので……、1, 2, 3, 4, 5, 6, 7です。

7以外全て7と互いに素だから6個、$\varphi(7)=6$ です。

次のオイラー関数 $\varphi(n)$ の値を求めてみよう。

(1) $\varphi(10)$　(2) $\varphi(18)$　(3) $\varphi(72)$

さて、このオイラー関数 $\varphi(n)$ を用いた定理で「オイラーの定理」というものがあります。

n が正の整数（自然数）で a と n が互いに素である正の整数としたとき、$a^{\varphi(n)} \equiv 1 \pmod{n}$ が成り立つ。

このオイラーの定理を使うと、自然数 n と互いに素な n 以下の自然数を高速で求めることが出来ます。ただ、その前に上の問題のオイラー関数 $\varphi(n)$ の値を簡単に調べる方法が必要となってきます。

次に説明しましょう。

オイラー関数の計算

オイラーの定理を実際に活用する場合、$\varphi(n)$ の値が必要となりますが、前ページのように書き出していっては大変ですね。実は、オイラー関数の値は n の素因数分解から、容易に計算出来ます。

次の定理が成立します。

オイラー関数の値

n を正の整数とする。

p_1、p_2、p_3、…、p_r を n の相異なるすべての素因数とするとき、

$$\varphi(n)=n\left(1-\frac{1}{p_1}\right)\left(1-\frac{1}{p_2}\right)\left(1-\frac{1}{p_3}\right)\cdots\left(1-\frac{1}{p_r}\right)$$

例えば、$12=2^2\times3$ より、12と異なる素因数は2と3ですね。

$\varphi(12)=12\left(1-\frac{1}{2}\right)\left(1-\frac{1}{3}\right)=4$ と求めます。

12以下の自然数で、12と互いに素であるものを実際に書き出してみると、1, 5, 7, 11の4個。合っていましたね。

151ページの問題、$\varphi(10)$、$\varphi(18)$、$\varphi(72)$ をもう一度計算してみましょう。

$\varphi(10)$ は、$10=2\times5$ なので、$\varphi(10)=10\left(1-\frac{1}{2}\right)\left(1-\frac{1}{5}\right)=4$

$\varphi(18)$ は、$18=2\times3^2$ なので、$\varphi(18)=18\left(1-\frac{1}{2}\right)\left(1-\frac{1}{3}\right)=6$

確かに早い!!

先ほど苦労した $\varphi(72)$ を求めてみましょう。

$72=2^3\times3^2$ なので、

$$\varphi(72)=72\left(1-\frac{1}{2}\right)\left(1-\frac{1}{3}\right)=24$$

でした。

$\varphi(180)$ を求めてみよう。

解答は p.167

オイラー関数を使えば簡単に計算出来る問題は、2015年一橋大学の入学試験にも出題されていました。そのものズバリです（一部抜粋）。

n を2以上の整数とする。n 以下の正の整数のうち、n と最大公約数が1となるものの個数を $E(n)$ で表す。

例えば、$E(2)=1$, $E(3)=2$, $E(4)=2$, …, $E(10)=4$, …です。

(1) $E(1024)$ を求めよ。

(2) $E(2015)$ を求めよ。

(1) $1024=2^{10}$ より

$$E(1024)=1024\left(1-\frac{1}{2}\right)=512$$

(2) $2015=5\times13\times31$ より

$$E(2015)=2015\left(1-\frac{1}{5}\right)\left(1-\frac{1}{13}\right)\left(1-\frac{1}{31}\right)$$

$$=2015\times\frac{4}{5}\times\frac{12}{13}\times\frac{30}{31}=1440$$

と簡単に計算出来ます。E はオイラー（Euler）の頭文字だったのですね。

第8章 最終問題

ABC予想、証明される

2017年12月16日、数学界のビックニュースが全世界を駆け巡りました。京都大学数理解析研究所の望月新一教授が、「ABC予想」を証明した、とのニュースです。各新聞でも一面に掲載されましたので、記憶にある方も多いと思います。

今、本書で扱っているRSA暗号は、いわゆる初等整数論で語られる分野です。1985年にD・マッサー氏とJ・オステルレ氏により予想された整数論の未解決問題であった「ABC予想」。日本の数学者である望月先生が、2012年12月に自身のHP上で発表した論文が正しいとの見通しになったのです。

ABC予想とは、次のようなものです。

> 互いに素である正の整数 A, B, C で $A+B=C$ の時、$ABC=D$ とすると $C<(\mathrm{rad}\ D)^{1+\varepsilon}$ が成り立つ。ただし、$\varepsilon>0$ である任意の定数。

ここで、rad D という記号は、D の異なる素因数の積のことです。例えば、$D=12$ とすると、$12=2^2\times3$ ですから、2と3の積、すなわち rad $12=2\times3=6$ です。

今、$\varepsilon=1$ として、$C<(\mathrm{rad}\ D)^2$ の例をいくつか示してみましょう。

$A=1$、$B=8$、$C=9$ とします。互いに素で、

$A+B=C$ですね。

また、8の素因数は2、9の素因数は3です。したがって、$ABC=1\times 2\times 3=6$ になります。rad $D=6$ です。よって、$9<6^2$ が成り立ちます。このことが、全ての正の整数で成り立つという予想でした。先生のHP上での論文は、600ページを超えるもので、論文の検証には実に5年の歳月を必要としたのです。このことは、350年以上かけて証明された「フェルマーの最終定理」(1995年にワイルズが証明)もいともも簡単に証明出来てしまうスグレモノです。

フェルマーの最終定理

3以上の自然数 n に対して、$x^n+y^n=z^n$ を満たす自然数の組 (x, y, z) は存在しない。

先生のHPを覗いてみてはいかがでしょうか。

オイラー関数の性質(1)

152ページのオイラー関数の値は、p が素数ならば、$\varphi(p)=p-1$ となります。

例えば、13は素数なので、$\varphi(13)=13-1=12$ です。なぜなら、$\varphi(13)$ は13以下の自然数、1、2、3、…、12、13のうち13を除いた12個全てが13と互いに素だからです。したがって、$\varphi(13)=12$ ですね。

p が素数ならば、オイラー関数の値は極めて簡単です。

オイラー関数の性質(2)

$n=ab$ で、a, b が互いに素、すなわち最大公約数が1ならば、$\varphi(n)=\varphi(a)\varphi(b)$ となります。

例えば、$55=5\times 11$ かつ、5と11は素数なので、$\varphi(55)=\varphi(5)\varphi(11)=(5-1)(11-1)=40$ と計算することが可能です。さて、オイラーの定理の登場です。

オイラーの定理は、

> n が正の整数（自然数）で a と n が互いに素である正の整数としたとき、$a^{\varphi(n)}\equiv 1 \pmod{n}$ が成り立つ。

でしたね。

例えば、$n=15$ とすると

$$\varphi(15)=\varphi(3)\varphi(5)=(3-1)(5-1)=2\times 4=8$$

a と n が互いに素であれば、

$$a^{\varphi(15)}=a^{\varphi(3)\cdot\varphi(5)}=a^{2\times 4}=a^{8}\equiv 1 \pmod{15}$$

が成り立つということです。

そこで、15を除いた14以下の正の整数1、2、3、4、…14のうち、15と互いに素であるものを求めると、

1、2、4、7、8、11、13、14

の8個ですね。

実際に $a=$1、2、4、7、8、11、13、14で計算してみると

$$1^8 = 1 \equiv 1 \pmod{15}$$
$$2^8 = 256 \equiv 1 \pmod{15}$$
$$4^8 = 65536 \equiv 1 \pmod{15}$$
$$7^8 = 5764801 \equiv 1 \pmod{15}$$
$$8^8 = 16777216 \equiv 1 \pmod{15}$$
$$11^8 = 214358881 \equiv 1 \pmod{15}$$
$$13^8 = 815730721 \equiv 1 \pmod{15}$$
$$14^8 = 1475789056 \equiv 1 \pmod{15}$$

となり、定理が正しいことが確かめられました。

このオイラー関数$\varphi(n)$の値の求め方を知っていると、例えば次のような計算が高速で出来ることとなります。

1371^{2184}を2279で割った余り、すなわち$1371^{2184} \equiv x \pmod{2279}$を満たす$x$の値を求められるのです。実際に計算しようとすると、途方に暮れてしまいますよね。まず、$2279 = 43 \times 53$です。43と53はともに素数なので、もちろん互いに素です。このことより、オイラー関数の計算法則を使うと、次のように求められます。

$$\begin{aligned}\varphi(2279) &= \varphi(43) \times \varphi(53) \\ &= (43-1)(53-1) \\ &= 42 \times 52 = 2184\end{aligned}$$

すなわち、

$$1371^{\varphi(2279)} \equiv 1371^{2184} \equiv 1 \pmod{2279}$$

1371^{2184}を2279で割った余りは、1でした！

第8章
最終問題

さて準備が整ったところで、少し大きな数値で暗号化をもう一度示してみるよ。これが、最後の問題だ！ 今から月曜日（Monday）を Mon と考えて、土門君の最初のアトバシュ式暗号のように数字化しようか

先生、それならばシーザー式もプラスしてずらしてみたらどうです

おお～いいね！ 4つ左にずらそうかな

平文	A	B	C	D	E	F	G	H	I	J	K	L	M	N	O	P	Q	R	S	T	U	V	W	X	Y	Z
暗号文	22	21	20	19	18	17	16	15	14	13	12	11	10	9	8	7	6	5	4	3	2	1	26	25	24	23

すると……、M⇒10　O⇒8　N⇒9 ですね

1089という文字列を数字に置き換えたものを RSA で暗号化しよう。このように1089を暗号化していくよ

先生、10・8・9と分けずにそのまま並べただけで大丈夫ですか？

大丈夫！ 見ていて。
公開鍵は、$(e, n)=(1241, 2279)$ とするよ。
$2279=43\times53$、２つの素数をかけている。
このくらい大きな数で公開鍵を設定しておけば簡単に解読されないね。
1089^{1241}して、2279で割った余り、mod 2279が暗号だったね。もちろん合同式と繰り返し二乗法を使うよ

$1089^2 \equiv 1185921 \equiv 841 \pmod{2279}$
$1089^4 \equiv 841^2 \equiv 707281 \equiv 791 \pmod{2279}$
$1089^8 \equiv 791^2 \equiv 625681 \equiv 1235 \pmod{2279}$ ※
$1089^{16} \equiv 1235^2 \equiv 1525225 \equiv 574 \pmod{2279}$ ※
$1089^{32} \equiv 574^2 \equiv 329476 \equiv 1300 \pmod{2279}$
$1089^{64} \equiv 1300^2 \equiv 1690000 \equiv 1261 \pmod{2279}$ ※
$1089^{128} \equiv 1261^2 \equiv 1590121 \equiv 1658 \pmod{2279}$ ※
$1089^{256} \equiv 1658^2 \equiv 2748964 \equiv 490 \pmod{2279}$
$1089^{512} \equiv 490^2 \equiv 240100 \equiv 805 \pmod{2279}$
$1089^{1024} \equiv 805^2 \equiv 648025 \equiv 789 \pmod{2279}$ ※
$1089^{1241} \equiv 1089^{1024+128+64+16+8+1}$

これに、※の数値を代入して、

$$1089^{1241} \equiv 789 \times 1658 \times 1261 \times 574 \times 1235 \times 1089$$
$$\equiv 1308162 \times 723814 \times \times 1344915$$
$$\equiv 16 \times 1371 \times 305$$
$$\equiv 1615 \pmod{2279}$$

“1615” と暗号化出来ました。
先生、合っていますか？

すごいね、正解だ。さあ、復号化するぞ !!
公開鍵 $(e, n) = (1241, 2279)$ の
$2279 = 43 \times 53$ から
$43 - 1 = 42$、$53 - 1 = 52$
この42と52の最大公約数を求めると…

$L = 1092$ですね

そう正解。まず、$1241d \equiv 1 \pmod{1092}$
となるdを求めるよ。102ページで練習した
１次合同方程式だね。
これは、$1241x + 1092y = 1$　と考えて、
ユークリッドの互除法の登場だ

$1241 \div 1092 = 1$ 余り 149　　$149 = 1241 - 1092 \times 1$

$1092 \div 149 = 7$ 余り 49　　$49 = 1092 - 149 \times 7$

$149 \div 49 = 3$ 余り 2　　$2 = 149 - 49 \times 3$

$49 \div 2 = 24$ 余り 1　　$1 = 49 - 24 \times 2$

そして、順番に余りのところに上の式の余りを代入していくよ

$$
\begin{aligned}
1 &= 49 - 24 \times (149 - 49 \times 3) \\
&= 49 - 24 \times 149 + 49 \times 72 \\
&= 49 \times 73 - 149 \times 24 \\
&= (1092 - 149 \times 7) \times 73 - 149 \times 24 \\
&= 1092 \times 73 - 149 \times 511 - 149 \times 24 \\
&= 1092 \times 73 - 149 \times 535 \\
&= 1092 \times 73 - (1241 - 1092 \times 1) \times 535 \\
&= 1092 \times 73 - 1241 \times 535 + 1092 \times 535 \\
&= 1092 \times 608 - 1241 \times 535
\end{aligned}
$$

$(x, y) = (-535, 608)$

こう求められるね。これと $1241x + 1092y = 1$ を比較すればこうなるね。

$x = -535 \pmod{1092}$ から、

$x = -535 + 1092k$

k は正の整数なので、$k=1$ と考えれば、

$x=-535+1092\times1=557$

$x=d=557$

これが、秘密鍵（d, n）=（557, 2279）だ！

そして、送られてきた暗号“1615”に対して……

$1615^{557}\div2279$ と計算し、余りを求める。

すなわち、

$1615^{557}\equiv X \pmod{2279}$

この X が平文（元の文）となる

先生、160ページで計算した方法で、もう一度1615^{557}（mod 2279）を計算するのは大変ですね

そうだね。ここで、1615^{557}を暗号化の時のように繰り返し二乗法で計算しても良いけれど、オイラー関数を使おう！ なぜかというと、$1615^{\triangle}$より、$1089^{\square}$は暗号化の時に計算しているからね。

まず、$1089^{\varphi(2279)}\equiv1$（mod 2279）だね。

$$\begin{aligned}\varphi(2279)&=\varphi(43)\varphi(53)\\&=(43-1)(53-1)\\&=42\times52=2184\end{aligned}$$
より

$1089^{2184}\equiv1$（mod 2279）だから、

$1615\equiv1089^{1241}$（mod 2279）と底（1615とか1089のこと）をオイラー関数で変換出来たね

$$
\begin{aligned}
1615^{557} &\equiv (1089^{1241})^{557} \pmod{2279} \\
&\equiv 1089^{1241\times557} \pmod{2279} \\
&\equiv 1089^{691237} \pmod{2279} \\
&\equiv 1089^{2184\times316+1093} \pmod{2279} \\
&\equiv (1089^{2184})^{316}\times1089^{1093} \pmod{2279} \\
&\equiv 1089^{1093} \equiv 1089^{1024+64+4+1} \pmod{2279} \\
&\equiv 1089^{1024}\times1089^{64}\times1089^{4}\times1089^{1} \pmod{2279} \\
&\equiv 789\times1261\times791\times1089 \\
&\equiv 1089
\end{aligned}
$$

“1089” と解読に成功 !!

今までのユークリッドの互除法、フェルマーの小定理、合同式、逆元、繰り返し二乗法、オイラー関数やその定理など全てを結集させて出来たね

先生、僕が言ったシーザー式暗号も !!

そうだった、そうだった

もぉ～

ハハハハハ

さて、最後の問題です。

最後の暗号を解いてみよう―Part 7（RSA 暗号）

"火曜日（Tuesday）⇒t・u・eを土門君の暗号化方式（158ページ）で数字化してから暗号化、そして復号化してみましょう。

公開鍵は、$(e, n)=(1241, 2279)$ とします。

解答は p.167

コラム

江戸川乱歩の暗号

江戸川乱歩の「デビュー作」とされる短編に『二銭銅貨』というのがあります。ネタバレになりますので、このコラムは飛ばしても本書内容に影響はありません(笑)。

ある日、松村は家で、奇妙な二銭銅貨を見つける。よく見ると、表と裏がはがれるようになっていて、中に暗号が書かれた紙切れが入っている。

陀、無弥仏、南無弥仏、阿陀仏、弥、無阿弥陀、無陀、弥、無弥陀仏、無陀、陀、南無陀仏、南無仏、陀、無阿弥陀、無陀、南仏、南陀、無弥、無阿弥陀仏、弥、南阿陀、無阿弥、南陀仏、南阿弥陀、阿陀、南弥、南無弥仏、無阿弥陀、南無弥陀、南弥、南無弥仏、無阿弥陀、南無陀、南無阿、阿陀仏、無阿弥、南阿、南阿仏、陀、南阿陀、南無、無弥仏、南弥仏、阿弥、弥、無弥陀　仏、無陀、南無阿弥陀、阿陀仏、

そしてこの暗号を解いていく、というストーリー。

実は、この小説には解読表が付いていて、“南無阿弥陀仏”と点字を対応させて暗号化していたのです。

南	弥
無	陀
阿	仏

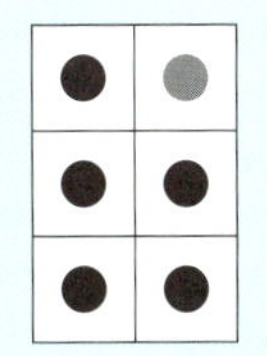

江戸川乱歩

解読表の冒頭部分だけを下に掲載すると、

陀	弥 無 仏	南弥 無 仏	陀 阿仏	弥	弥 無陀 阿	無陀	弥	弥 無陀 仏	無陀
濁音符	ゴ	ケ	ン	チ	ヨ	ー	シ	ヨ	ー

上段：元の暗号（6文字の有無、点字は6つの点から意味を作っている）

中段：対応する点字（6つの点の有無）

下段：解読されたカタカナの文章。

「ゴケンチヨーシヨージキドーカラオモチヤノサツヲウケトレウケトリニンノナハダイコクヤシヨーテン」

が元の文。

つまり、
「五軒町の正直堂から玩具の札を受取れ、受取人の名は大黒屋商店」という意味でした。小説では、主人公が札束を手に入れて大儲けしたかのように思えますが……。
先頭から8文字ずつ飛ばして、9文字ごとに読むと、「ゴ　ジ　ヨ　ウ　ダ　ン」、つまり「ご冗談」で札束は偽札だったというオチです。

さてさて、小熊先生はどうなったのでしょう……。

小熊先生、プロポーズのお相手はどなただったのですか？ 数学に興味がおありだとお聞きしましたけれど

いやぁ、恥ずかしいのですが……。御徒町校長先生のお嬢さんなのです

えぇぇ〜〜!!
あ！ そういえば、校長先生が数学クラブの活動をのぞいて声を掛けてきたことがあった。その時の話を帰宅してお嬢様に話していたってことか

彼女もそういっていました

まぁ、良かったですね。おめでとうございます

やってみよう⑨（p.153）の解答

$180 = 2^2 \times 3^2 \times 5$　なので

$$\varphi(180) = 180\left(1-\frac{1}{2}\right)\left(1-\frac{1}{3}\right)\left(1-\frac{1}{5}\right)$$

$$= 180 \times \frac{1}{2} \times \frac{2}{3} \times \frac{4}{5} = 48$$　と求められます。

最後の暗号を解いてみよう Part 7（RSA暗号）（p.164）の解答

4桁の数、3218を暗号化、そして復号化してみましょう。

$3218^2 \equiv 10355524 \equiv 2027 \pmod{2279}$

$3218^4 \equiv 2027^2 \equiv 4108729 \equiv 1971 \pmod{2279}$

$3218^8 \equiv 1971^2 \equiv 3884841 \equiv 1425 \pmod{2279}$ ※

$3218^{16} \equiv 1425^2 \equiv 2030625 \equiv 36 \pmod{2279}$ ※

$3218^{32} \equiv 36^2 \equiv 1296 \pmod{2279}$

$3218^{64} \equiv 1296^2 \equiv 1679616 \equiv 2272 \pmod{2279}$ ※

$3218^{128} \equiv 2272^2 \equiv 5161984 \equiv 49 \pmod{2279}$ ※

$3218^{256} \equiv 49^2 \equiv 2401 \equiv 122 \pmod{2279}$

$3218^{512} \equiv 122^2 \equiv 14884 \equiv 1210 \pmod{2279}$

$3218^{1024} \equiv 1210^2 \equiv 1464100 \equiv 982 \pmod{2279}$ ※

$3218^{1241} \equiv 3218^{1024+128+64+16+8+1}$

これに、※の数値を代入して、

$$3218^{1241} \equiv 982 \times 49 \times 2272 \times 36 \times 1425 \times 3218$$
$$\equiv 48118 \times 81792 \times 4585650$$
$$\equiv 259 \times 2027 \times 302$$
$$\equiv 823 \times 302 \equiv 135 \pmod{2279}$$

“135” と暗号化出来ました。

復号化です。

公開鍵は、$(e, n) = (1241, 2279)$ の $2279 = 43 \times 53$ から $43 - 1 = 42$、$53 - 1 = 52$　この最大公約数は $L = 1092$ です。

また、$1241d \equiv 1 \pmod{1092}$ となる秘密鍵 d は557でしたね。

$$135^{557} \equiv X \pmod{2279}$$

この X が平文（元の文）となりました。$135 \equiv 3218^{1241} \pmod{2279}$ ですから

$$135^{557} \equiv (3218^{1241})^{557} \pmod{2279}$$
$$\equiv 3218^{1241 \times 557} \pmod{2279}$$
$$\equiv 3218^{691237} \pmod{2279}$$
$$\equiv 3218^{2184 \times 316 + 1093} \pmod{2279}$$
$$\equiv (3218^{2184})^{316} \times 3218^{1093} \pmod{2279}$$

ここで $3218^{2184} \equiv 1 \pmod{2279}$ だから

$$\equiv 3218^{1093} \equiv 3218^{1024+64+4+1}$$
$$\equiv 982 \times 2272 \times 1971 \times 3218 \pmod{2279}$$
$$\equiv 2242 \times 1971 \times 3218$$
$$\equiv 4418982 \times 3218 \equiv 1 \times 3218$$

“3218” と解読出来ました。

あとがき

暗号のこれから～近未来の安全はどう守られるか～

現在使われている公開鍵は、鍵の長さが128bit（2^{128}桁の数）のものが主流です。この長さの鍵だと公開されている情報から秘密鍵の情報を計算で割り出すのには、千年単位の膨大な時間がかかるとされています。

つまり、現実に第三者に暗号化されたファイルを復号化されることはない、だから安全だと考えられています。気を付けなければいけないのは、「解読に時間がかかるから安全」だということ。短時間で計算出来るアルゴリズムが完成されたり、コンピュータの計算能力が格段に向上してしまうと、短時間で秘密鍵を発見される可能性もあるということです。実際に、現在研究が進められている量子コンピュータが実用化された場合、計算速度は飛躍的に高まり、現在の暗号方式が一気に無力化されてしまう可能性が指摘されています。

それでは、将来実現化されると言われている「量子暗号」とは何でしょうか？

そもそも量子とは物質を構成する原子や、さらに小さい素粒子のような極めて小さい粒の総称です。量子暗号は光の粒である「光子」を使う技術で、1984年に原理が発表されました。量子は、原子よりも小さい物理量の最小単位なので、量子がどういう動きをしているかを観測するのは非常に難しいし、動いている量子を見ようとするのも不可能に近いものです。従って、途中で傍受した者がデータを読み込もうとしても出来ないとされています。

将来誕生すると言われている「量子コンピュータ」。量子コンピュータが出現すれば、RSA暗号などの暗号が一瞬で解読されてしまうことでしょう。数百年かかる計算ももののの数秒で答えを出してしまうことが可能となります。さらに、量子コンピュータがあれば、こうした理論をもとにした強力な数理暗号の開発も可能になることも予想されています。

古代ギリシアから続く「暗号」。

外交・軍事面での利用が多かった暗号理論は、コンピュータとインターネットの登場で私たちの日常生活にも欠かせないものとなりました。しかし、コンピュータを使うのも開発するのも人間、暗号を使用するのもまた人間です。

人と人のつながり、絆を今以上に考えていかなくてはいけないと強く感じます。

2019年1月　関根章道

さて東君、土門君、暗号のお勉強はどうだったかい？

難しいところもあったけれど、数学ってわかると楽しいですね

土門君、大活躍だったものね。これから、詳しく離散数学を勉強してみようかな！

【索引】

■た行

■な行

■は行

■ま行

■や行

■ら行

著者紹介

関根章道（せきねあきみち）

1956年生まれ。日本大学理工学部数学科卒業。
大学時代の専攻は偏微分方程式。
趣味は愛犬（名前は、ちび）と戯れることと楽器（ファゴット）演奏。
アマチュアオーケストラに所属し、年数回ステージに立つ。
今、はまっていることは料理とキックボクシング。
現在、東京実業高等学校数学科教諭。
著書に『人に話したくなる数学おもしろ定理』、『即断力が身につく数学おもしろセンス』（ともに技術評論社刊）がある。

イラストレーター紹介

かのもん吉（かのもんきち）

1974年6月東京生まれ横浜育ち。
学生時代、数学が苦手で0点をとる。今回の仕事で持病の癪が悪化した…気がする。
趣味はネイルアート。Special thanks ISAKU ちゃん

中学数学からはじめる暗号入門
～現代の暗号はどのようにして作られたのか～

2019年2月22日　初版　第1刷発行

著　者　関根 章道
発行者　片岡 巌
発行所　株式会社技術評論社
東京都新宿区市谷左内町21-13
電話　03-3513-6150　販売促進部
03-3267-2270　書籍編集部
印刷・製本　港北出版印刷株式会社

定価はカバーに表示してあります。

ISBN978-4-297-10337-8 C3041
Printed in Japan

●装丁
中村友和（ROVARIS）

●本文デザイン、DTP
株式会社新後閑

●イラスト
かのもん吉